FPGA

设计与开发零基础入门到精通

谢永昌 主编

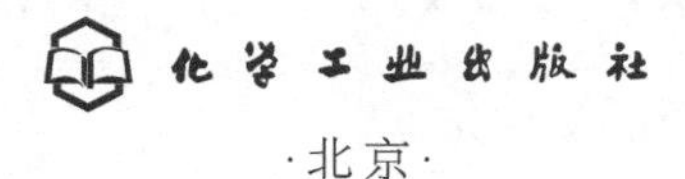

·北京·

内容简介

本书从FPGA开发入门与芯片实际开发应用角度出发，全面介绍了FPGA设计所需的理论基础和工具应用。书中针对Verilog HDL设计的基础语法进行了系统的介绍，对Verilog HDL中一些常接触并容易出错的概念进行了详细说明。同时，书中还介绍了在数字电路设计中常用的EDA工具、状态机、仿真与测试方法。全书内容介绍深入浅出，结合作者多年来使用Verilog HDL的心得体会和积累，列举了丰富的设计实例，展现了许多仿真设计流程，全面总结和深入阐述了在Verilog HDL中一些设计技巧、设计理念，适合广大电路设计开发人员、电子爱好者和初学者全面学习。

本书适合广大电路设计开发人员阅读，也可以作为高等院校电子信息、电气自动化等相关专业的教学用书。

图书在版编目（CIP）数据

FPGA设计与开发零基础入门到精通/谢永昌主编．—北京：化学工业出版社，2022.10（2025.3重印）

ISBN 978-7-122-41953-8

Ⅰ.①F… Ⅱ.①谢… Ⅲ.①可编程序逻辑器件-系统设计 Ⅳ.①TP332.1

中国版本图书馆CIP数据核字（2022）第136826号

责任编辑：刘丽宏　　文字编辑：宫丹丹　陈小滔
责任校对：宋　玮　　装帧设计：刘丽华

出版发行：化学工业出版社
（北京市东城区青年湖南街13号　邮政编码100011）
印　　装：北京天宇星印刷厂
787mm×1092mm　1/16　印张13½　字数332千字
2025年3月北京第1版第3次印刷

购书咨询：010-64518888　　售后服务：010-64518899
网　　址：http://www.cip.com.cn
凡购买本书，如有缺损质量问题，本社销售中心负责调换。

定　　价：59.00元

前言

随着电子技术的不断发展，现在数字电路设计思想和方法都进入了一个全新的阶段。FPGA/CPLD 可编程逻辑器件的功能越来越强大，应用也越来越广泛，为了能够快速地应用 FPGA/CPLD 进行项目开发，选择一种快速的开发方式很重要，而基于硬件描述语言的设计是比较高效的。所以要想应用 FPGA/CPLD 进行系统设计，掌握一种硬件描述语言是必不可少的，当然硬件描述语言中 Verilog HDL 和 VHDL 是首选。这两种语言都是 IEEE 标准的描述语言。本书基于 Verilog HDL 进行讲解。

Verilog HDL 与 C 语言语法相似，具有简洁、易掌握的特点，是目前使用较广泛的硬件描述语言之一。本书不仅对 Verilog HDL 的基础语法、常用语句、常用函数和任务进行了详细讲解，同时对一些平常不容易理解的 Verilog HDL 的概念、设计技巧和使用要点进行了深入剖析讲解。另外，书中还对在数字电路设计中常用的 EDA 工具进行介绍，这些工具可以帮助我们高效、高质量地将设计代码转换为物理电路，同时一些工具，例如 ModelSim，还可以为我们提供模拟仿真手段，它们的应用极大地方便了系统设计。

全书内容具有以下特点：

1. 零基础入门，FPGA 基础、工具、应用全涵盖：简明实用，囊括 FPGA 设计全貌，对基础语法讲解的同时，结合作者进行 FPGA 开发的心得体会和案例积累，帮助读者了解 FPGA 芯片设计的思路并轻松入门；

2. 图文并茂，视频讲解：结合典型开发实例，同时辅以大量电路图、结构图、示例图，配合视频讲解，带领读者了解 FPGA 设计与开发的全部细节与技巧，从而使读者精通 FPGA 芯片开发的各项实用技能。

本书在对基础语法讲解的同时，结合作者使用 Verilog HDL 的心得体会和积累，以通俗易懂的方式与读者共享，摒弃晦涩难懂的说教方式，结合实例以简单明了的方式呈现给读者，帮助读者熟悉 FPGA 设计开发的流程，并不断精进。书中程序源代码可扫下方二维码下载。

本书由谢永昌主编，参加编写的还有李宁、陈淼、袁志伟、苗秀清、耿港、张伯虎等。由于作者水平有限，书中疏漏和不妥之处在所难免，特请读者批评指正（欢迎关注下方微信公众号二维码交流）。

程序源代码

微信公众号

编　者

目录

第一篇

基础知识

FPGA

第1章 FPGA应用概述

1.1 EDA概述

EDA全称为Electronic Design Automation，即电子设计自动化。EDA技术以计算机为工具，在EDA软件平台上对以硬件描述语言HDL为系统逻辑描述手段完成的设计文件自动地完成逻辑编译、逻辑化简、逻辑分割、逻辑综合及优化逻辑布局布线、逻辑仿真，直至对于特定目标芯片的适配、编译、逻辑映射和编程下载等工作。设计者的工作仅限于利用软件的方式，即利用硬件描述语言来完成对系统硬件功能的描述。尽管目标系统是硬件，但整个设计和修改过程如同完成软件设计一样方便和高效。

Verilog作为当今主流的HDL语言，在20世纪90年代成为IEEE标准之后，在数字电路和芯片的前端设计中得到了更为广泛的应用。

Verilog可以用来描述时序的和并发的行为，也可以用来描述模型的结构。它支持从体系结构级到开关级的多个抽象层次上的描述设计。Verilog支持对设计进行层次化建模，此外还提供了大量内建的基本元件，包括逻辑门和用户自定义的基本元件。各种语言结构都具有精确的仿真语义，因此可以用Verilog HDL仿真器来验证采用该语言编写出的模型。

1.1.1 FPGA与CPLD

FPGA（Field-Programmable Gate Array），即现场可编程门阵列，它是在PAL、GAL、CPLD等可编程器件的基础上进一步发展的产物。它是作为专用集成电路（ASIC）领域中的一种半定制电路而出现的，既解决了定制电路的不足，又克服了原有可编程器件门电路数有限的缺点。

CPLD（Complex Programming Logic Device），即复杂可编程逻辑器件，是从PAL和GAL器件发展出来的器件。相对FPGA而言，其规模大、结构复杂，属于大规模集成电路范围，是一种用户根据各自需要而自行构造逻辑功能的数字集成电路。其基本设计方法是借助集成开发软件平台，用原理图、硬件描述语言等方法，生成相应的目标文件，通过下载电缆（“在系统”编程）将代码传送到目标芯片中，实现设计的数字系统。

主要区别：

① 布线能力：CPLD 内连率高，不需要人工布局布线来优化速度和面积，较 FPGA 更适合于 EDA 芯片设计的可编程验证。

② 延时预测能力：CPLD 连续式布线结构决定时序延时是均匀的和可预测的，而 FPGA 分段式布线结构决定了不可预测的时序延时。

③ 集成度的不同：

CPLD：500 ～ 50000 门；

FPGA：1k ～ 10M 门。

④ 应用范围的不同：CPLD 逻辑能力强而寄存器少，适用于控制密集型系统；

FPGA 逻辑能力较弱但寄存器多，适用于数据密集型系统。

基于 FPGA 和 CPLD 的设计开发流程是基本一致的。

1.1.2　Verilog HDL 和 VHDL

Verilog HDL 很容易理解和方便使用。近些年，Verilog HDL 已成为需要仿真和综合的 EDA 行业应用中的首选语言，但是它同时也存在缺点，即在系统级别的描述结构比较匮乏。

相对于 Verilog HDL，VHDL 较复杂些，这样则难以学习和使用。但是它可允许的编码风格丰富，因此提供了许多便利。由于 VHDL 特别适合处理复杂设计，因此它也获得了广泛使用。

Verilog HDL 和 VHDL 都是应用于逻辑设计的硬件描述语言，并且都已成为 IEEE 标准。VHDL 在较早的 1987 年成为 IEEE 标准，而 Verilog HDL 则在 1995 年才正式成为 IEEE 标准。VHDL 的英文全名为 VHSIC Hardware Description Language，而 VHSIC 则是 Very High Speed Integrated Circuit 的缩写词，意为甚高速集成电路，故 VHDL 准确的中文译名为甚高速集成电路的硬件描述语言。

Verilog HDL 和 VHDL 同为描述硬件电路设计的语言，其共同的特点在于：

- 能形式化地抽象表示电路的行为和结构；
- 支持逻辑设计中层次与范围的描述；
- 可借用高级语言的精巧结构来简化电路行为的描述；
- 具有电路仿真与验证机制以保证设计的正确性；
- 支持电路描述由高层到低层的综合转换；
- 硬件描述与实现工艺无关；
- 便于文档管理；
- 易于理解和设计重用。

但是 Verilog HDL 和 VHDL 又各有自己的特点。由于 Verilog HDL 早在 1993 年就已推出，至今已有 20 多年的应用历史，因而 Verilog HDL 拥有更广泛的设计群体，成熟的资源也远比

VHDL 丰富。与 VHDL 相比，Verilog HDL 的最大优点为：它是一种非常容易掌握的硬件描述语言，与 C 语言的语法相似。只要有 C 语言的编程基础，通过几十学时的学习，再经过一段时间的实际操作，一般可在 2 ～ 3 个月内掌握这种设计技术。而掌握 VHDL 设计技术就比较困难，这是因为 VHDL 不太直观，需要有 Ada 编程基础，一般认为至少需要半年以上的专业培训，才能掌握 VHDL 的基本设计技术。目前版本的 Verilog HDL 和 VHDL 在行为级抽象建模的覆盖范围方面也有所不同，一般认为 Verilog HDL 在系统级抽象方面比 VHDL 略差一些，而在门级开关电路描述方面比 VHDL 强得多。

1.2 FPGA 的基本结构

FPGA 由 6 部分组成，分别为可编程输入 / 输出单元、基本可编程逻辑单元、嵌入式块 RAM、丰富的布线资源、底层嵌入功能单元和内嵌专用硬核等。FPGA 结构图如图 1-1 所示。

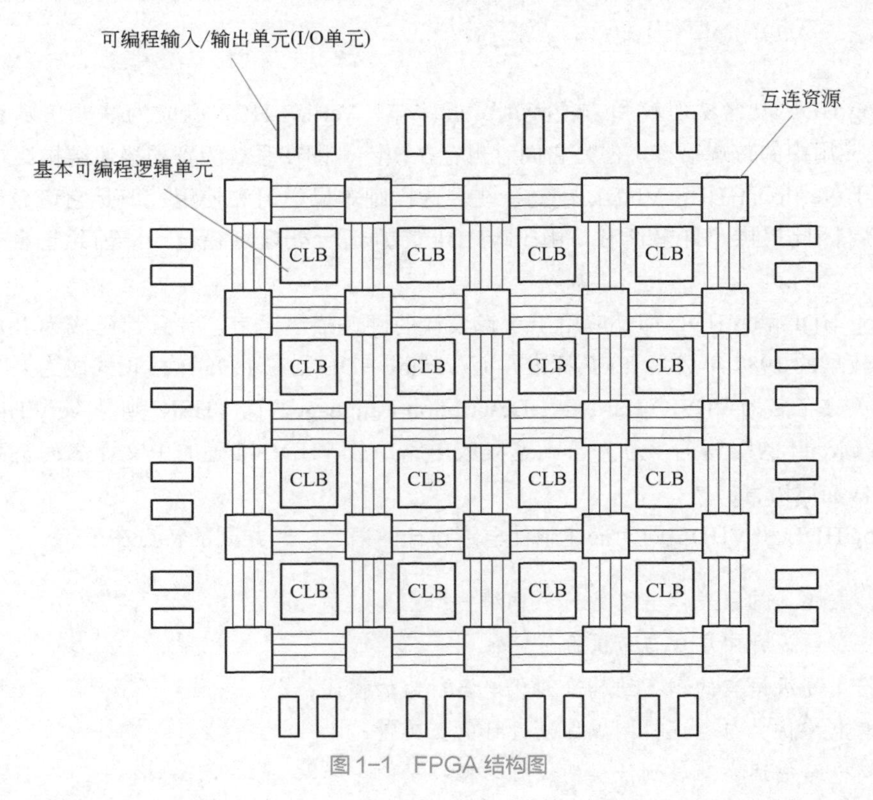

图 1-1　FPGA 结构图

每个单元简介如下：

（1）可编程输入 / 输出单元（I/O 单元）

目前大多数 FPGA 的 I/O 单元被设计为可编程模式，即通过软件的灵活配置，可适应不同的电气标准与 I/O 物理特性；可以调整匹配阻抗特性，上下拉电阻；可以调整输出驱动电流的大小等。

（2）基本可编程逻辑单元

FPGA 的基本可编程逻辑单元是由查找表（LUT）和寄存器（Register）组成的，查找表完成纯组合逻辑功能。FPGA 内部寄存器可配置为带同步 / 异步复位和置位、时钟使能的触发器，也可以配置成为锁存器。FPGA 一般依赖寄存器完成同步时序逻辑设计。一般来说，比较经典的基本可编程逻辑单元的配置是一个寄存器加一个查找表，但不同厂商的寄存器和查找表的内部结构有一定的差异，而且寄存器和查找表的组合模式也不同。

学习底层配置单元的 LUT 和 Register 比率的一个重要意义在于器件选型和规模估算。由于 FPGA 内部除了基本可编程逻辑单元外，还有嵌入式的 RAM、PLL 或者是 DLL，专用的 Hard IP Core 等，这些模块也能等效出一定规模的系统门，所以简单科学的方法是用器件的 Register 或 LUT 的数量衡量。

（3）嵌入式块 RAM

目前大多数 FPGA 都有内嵌的块 RAM。嵌入式块 RAM 可以配置为单端口 RAM、双端口 RAM、伪双端口 RAM、CAM、FIFO 等存储结构。

CAM 即内容地址存储器。写入 CAM 的数据会和其内部存储的每一个数据进行比较，并返回与端口数据相同的所有内部数据的地址。简单地说，RAM 是一种写地址、读数据的存储单元，CAM 与 RAM 恰恰相反。

除了块 RAM，Xilinx 和 Lattice 的 FPGA 还可以灵活地将 LUT 配置成 RAM、ROM、FIFO 等存储结构。

（4）丰富的布线资源

布线资源连通 FPGA 内部所有单元，连线的长度和工艺决定着信号在连线上的驱动能力和传输速度。布线资源的划分：

① 全局性的专用布线资源：以完成器件内部的全局时钟和全局复位 / 置位的布线。

② 长线资源：用以完成器件 Bank 间的一些高速信号和一些第二全局时钟信号的布线。

③ 短线资源：用来完成基本逻辑单元间的逻辑互连与布线。

④ 其他：在逻辑单元内部还有各种布线资源和专用时钟、复位等控制信号线。

由于在设计过程中，往往由布局布线器自动根据输入的逻辑网表的拓扑结构和约束条件选择可用的布线资源，连通所用的底层单元模块，所以常常忽略布线资源。其实布线资源的优化与使用和实现结果有直接关系。

（5）底层嵌入功能单元

底层嵌入功能单元是指通用程度较高的嵌入式功能模块。如锁相环 (Phase Locked Loop,PLL)、DLL(Delay Locked Loop)、DSP(Digital Signal Processor) 和 CPU 等。

（6）内嵌专用硬核

与“底层嵌入功能单元”是有区别的，这里的硬核主要指那些通用性相对较弱的，不是所有 FPGA 器件都包含硬核。

1.3 FPGA的常用开发工具

单纯地进行基于硬件描述语言的数字电路设计并不难，而在设计中需要借助许多工具，比如综合工具的选择和使用、各个FPGA厂家开发套件的熟悉和使用、仿真软件的应用等，能够熟练地使用这些软件才是重点。熟练地掌握这些软件的常用功能，在数字电路设计中便显得尤为重要。下面对基于硬件描述语言的数字电路设计中常用到的工具和软件进行汇总介绍。

1.3.1 常用工具汇总一览表

FPGA开发工具由各个FPGA/CPLD芯片厂家提供，基本都可以完成所有的设计输入（原理图或HDL）、仿真、综合、布线、下载等工作。这些开发工具见表1-1。

表1-1 集成的FPGA开发环境

开发工具	备注
MAX+plus Ⅱ	Altera公司的PLD开发软件（见图1-2）
Quartus Ⅱ	Altera公司新一代PLD开发软件，适合大规模FPGA的开发（见图1-3）
ISE	Xilinx公司最新的PLD开发软件（见图1-4）
ispLEVER	Lattice公司最新推出的开发套件（见图1-5）

为了提高设计效率，优化设计结果，很多厂家提供了各种专业软件，用以配合FPGA/CPLD芯片厂家提供的工具进行更高效率的设计，最常见的组合是：同时使用专业HDL逻辑综合软件和FPGA/CPLD芯片厂家提供的软件。

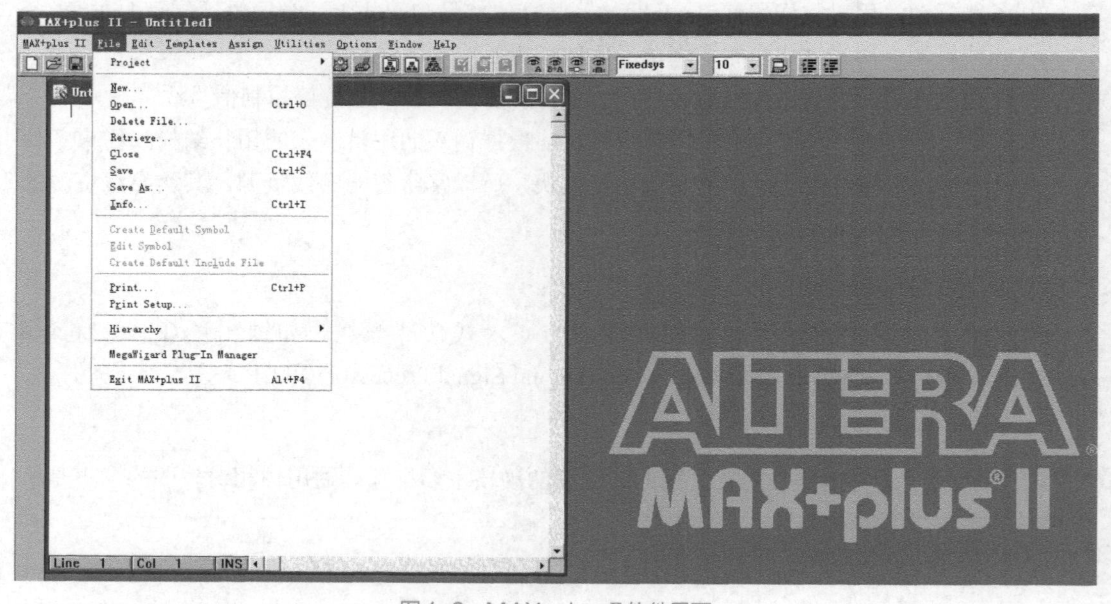

图1-2 MAX+plus Ⅱ软件界面

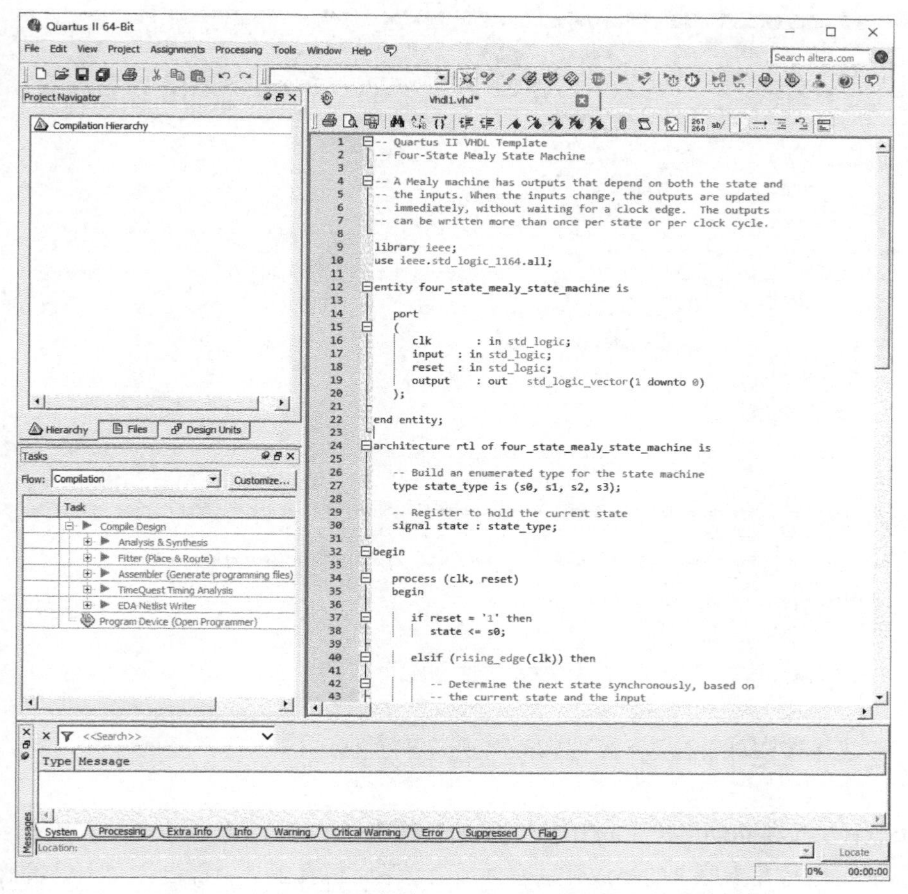

图 1-3　Quartus Ⅱ软件界面

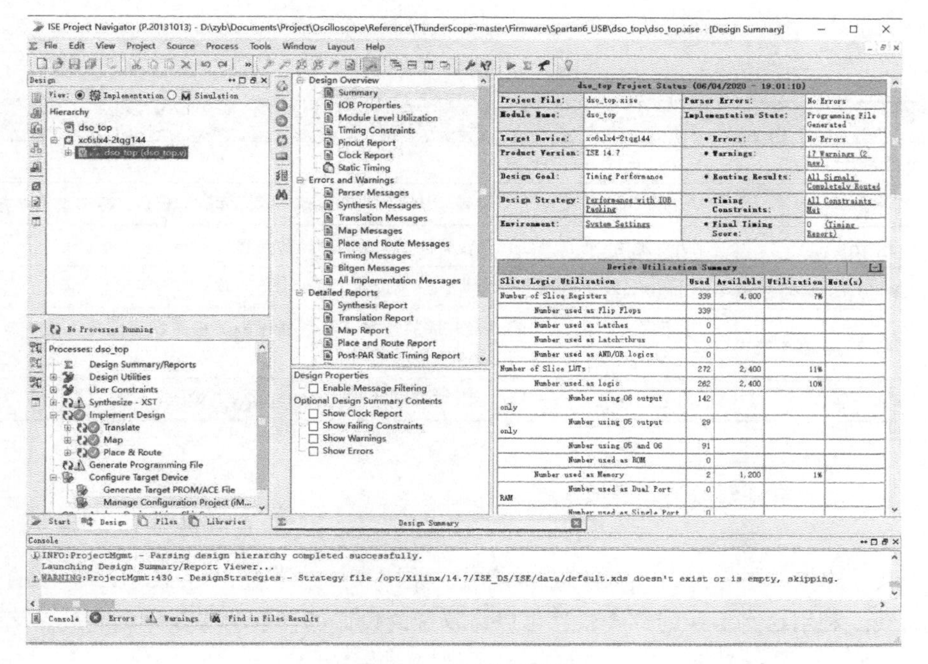

图 1-4　ISE 软件界面

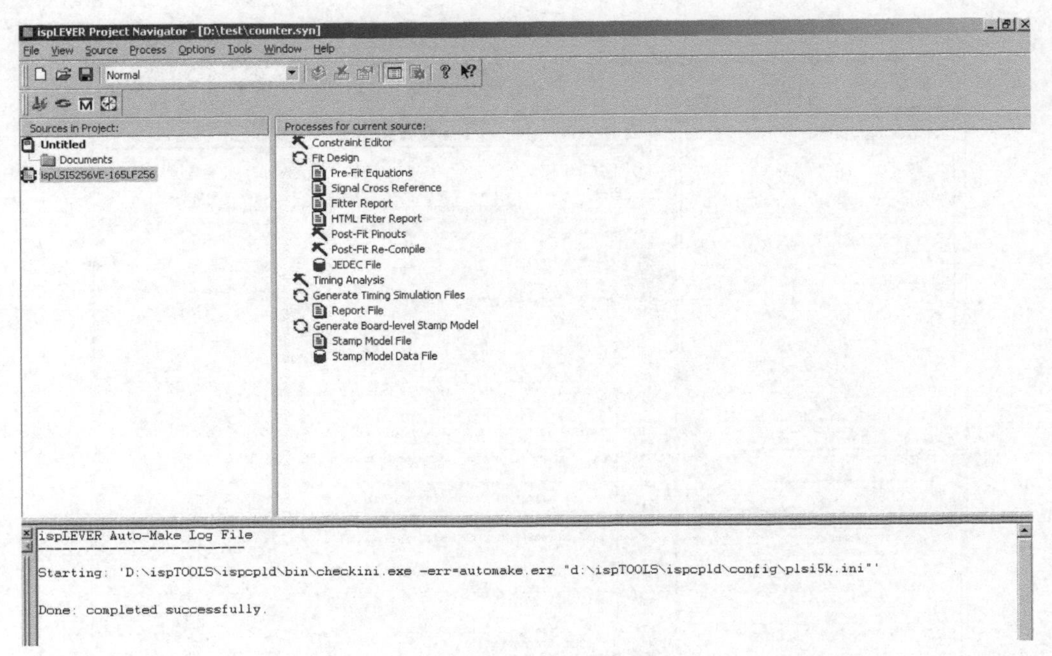

图 1-5 ispLEVER 软件界面

1.3.2 HDL 前端输入与系统管理软件

这类软件主要是帮助用户完成 HDL 文本的编辑和设计输入工作，提高输入效率，它们并不是必需的。当然各个厂家的集成开发套件或者综合 / 仿真工具中都自带文本编辑器，也可以直接使用普通文本编辑器进行设计输入，设计者可以任选一种即可完成设计输入。见表 1-2 列出的各类输入软件。

表 1-2 HDL 设计输入

软件名称	备注
UltraEdit	一个广泛应用的编辑器
HDL Turbo Writer	VHDL/Verilog HDL 专用编辑器，可大小写自动转换、缩进、折叠，格式编排很方便
gVim	gVim 是由 Linux 系统延伸过来的一个编辑器，功能强大
HDL Designer Series	Mentor 公司的前端设计软件，涉及设计管理、分析、输入等
Visual VHDL/Visual Verilog	可视化的 VHDL/Verilog HDL 编辑工具，可以通过画流程图等可视化方法生成一部分 VHDL/Verilog HDL 代码，Innoveda 公司出品
Visual Elite	Visual VHDL 的下一代产品，能够辅助系统级到电路级的设计

1.3.3 HDL 逻辑综合软件

这类软件的作用是将 HDL 语言综合成连接关系网表，并导给 FPGA/CPLD 厂家的软件进行布局布线。利用这些专业的综合软件可以将复杂的设计进行自动综合并实现最优化。这类软件见表 1-3。

表 1-3　HDL 逻辑综合软件

软件名称	简介
Synplify	Synplicity 公司出品的 Synplify/Synplify Pro、VHDL/Verilog HDL 综合软件
Leonardo Spectrum	Mentor 公司出品的 Leonardo Spectrum、VHDL/Verilog HDL 综合软件
Precision RTL Precision Physical	Mentor 公司最新推出的 VHDL/Verilog HDL 综合软件
FPGA Complier Ⅱ	Synopsys 公司出品的 FPGA Complier Ⅱ、VHDL/Verilog HDL 综合软件
MAX+plus Ⅱ Advanced Synthsis	Altera 公司的一个免费 HDL 综合工具，安装后可以直接使用，是 MAX+plus Ⅱ 的一个插件

1.3.4　仿真软件

借助仿真软件，我们可以方便快捷地对设计进行功能仿真和时序仿真。仿真软件同样有很多，见表 1-4 所示。

表 1-4　HDL 仿真软件

软件名称	备注
ModelSim	Mentor 的子公司 Model Tech 出品的 VHDL/Verilog HDL 仿真软件，功能强大、仿真效率较高、应用广泛
Active HDL	Aldec 公司出品的 VHDL/Verilog HDL 仿真软件，简单易用
Cadence	Cadence 公司出品的 Verilog HDL/VHDL 仿真工具。Verilog-XL，用于 Verilog HDL 仿真；NC-VHDL，用于 VHDL 仿真；NC-Sim 是 Verilog HDL/VHDL 混合语言仿真工具

第2章

FPGA设计流程

现代集成电路制造工艺技术的改进，使得在一个芯片上集成数十乃至数百万个器件成为可能，但我们很难想象仅由一个设计师独立设计如此大规模的电路而不出现错误。利用层次化、结构化的设计方法，一个完整的硬件设计任务首先由总设计师划分为若干个可操作的模块，编制出相应的模型（行为的或结构的），通过仿真加以验证后，再把这些模块分配给下一层的设计师，这就允许多个设计者同时设计一个硬件系统中的不同模块，其中每个设计者负责自己所承担的部分。而由上一层设计师对其下层设计者完成的设计用行为级上层模块对其所做的设计进行验证。图2-1为自顶向下（Top-Down）的设计示意图，以设计树的形式绘出。

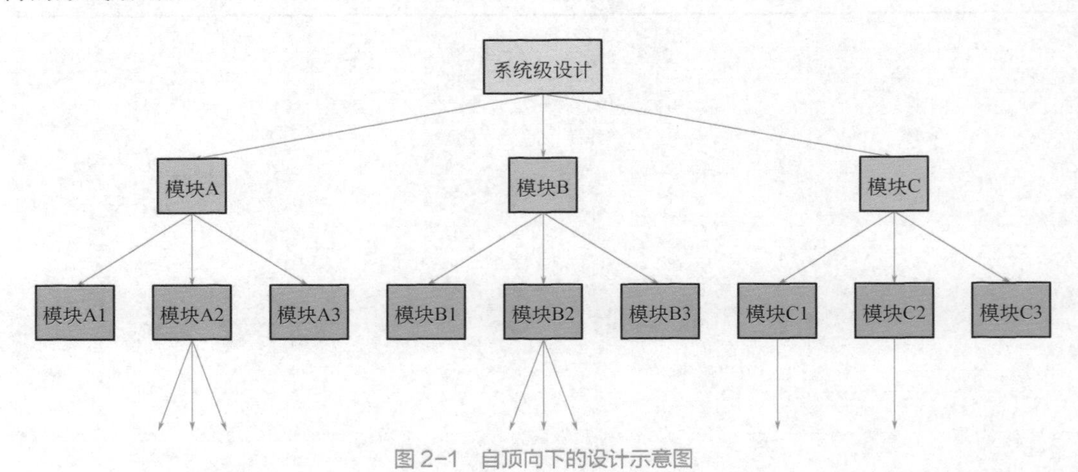

图2-1　自顶向下的设计示意图

自顶向下的设计（即Top-Down设计）是从系统级开始，把系统划分为基本单元，然后再把每个基本单元划分为下一层次的基本单元，一直这样做下去，直到可以直接用EDA元件库中的元件来实现为止。

对于设计开发整机电子产品的单位和个人来说，新产品的开发总是从系统设计入手，先进行方案的总体论证、功能描述、任务和指标的分配。

随着系统变得复杂和庞大，特别需要在样机问世之前，对产品的全貌有一定的预见性。目前，EDA 技术的发展使得设计师有可能实现真正的自顶向下的设计。

2.1 需求分析

任何项目的前期开展工作都由需求分析开始，是开发人员经过深入细致的调研和分析，准确理解用户和项目的功能、性能、可靠性等具体要求，将用户非形式的需求表述转化为完整的需求定义，从而确定系统必须做什么的过程。

如果选择了 FPGA，首先考虑的是 FPGA 选型，是选择 Altera 还是 Xilinx 的产品，哪个系列，需要多大的逻辑资源，多少 I/O，信号电平和系统功耗多大，内部需要多少时钟等。这些问题都需要在设计之初考虑清楚。

2.2 电路设计与输入

电路设计与输入是指按照某些规范的描述方式，将设计电路输入给 EDA 工具。常用的设计输入方法有硬件描述语言（HDL）和原理图设计输入方法等。原理图设计输入方法在早期应用中使用得较多，它根据设计要求，选用器件、绘制原理图、完成输入过程。这种方法的优点是直观、便于理解、元器件库资源丰富。但是在大型项目中，该方法的可维护性较差，不利于模块的构造和重用。最大的缺点是当所选芯片升级换代后，所有的原理图需要做适配性改动。现阶段在大型项目中，最常用的方法是 HDL 设计输入方法，其中使用最多的 HDL 语言是 VHDL 和 Verilog HDL。其特点已在第 1.1.2 节进行描述。

波形输入和状态机输入是两种常用的辅助设计输入方法。使用波形输入时，只要绘制出激励波形和输出波形，EDA 软件就会自动地根据响应关系进行设计；使用状态机输入时，设计者只需要画出状态转移图，EDA 软件就能根据状态转移图生成相应的 HDL 代码或者原理图，使用十分方便。但是需要说明，波形输入和状态机输入方法只能在某些特殊情况下缓解设计者的工作量，并不适合所有的设计。

2.3 功能实现与仿真

电路设计完成后，需要专业的仿真工具对功能设计进行仿真，验证电路功能是否符合设计要求。

功能仿真有时候也被称为前仿真。常用的仿真工具有 Model Tech 公司的 ModelSim、Synopsys 公司的 VCS、Cadence 公司的 NC-Verilog、Aldec 公司的 Active HDL 等。通过仿真能及时发现设计中的错误，加快设计进度，提高设计的可靠性。

2.4 综合优化

综合优化（Synthesize）是指将 HDL 语言、原理图等设计输入翻译成由与、或、非门，RAM，触发器等基本可编程逻辑单元组成的逻辑连接（网表），并根据目标与要求（约束条件）优化所生成的逻辑连接，输出 edf 和 edn 等标准格式的网表文件，供 FPGA/CPLD 厂家的布局布线器进行实现。常用的专业综合优化工具有 Synplicity 公司的 Synplify/Synplify Pro。FPGA 厂商的集成开发环境也自带综合工具。

2.5 时序仿真与验证

综合结果的本质是一些由与、或、非门，触发器，RAM 等基本可编程逻辑单元组成的逻辑网表，它与芯片实际的配置情况还存在较大差距，此时应使用 FPGA 厂商提供的软件工具，根据所选芯片的型号，将综合输出的逻辑网表适配到具体的 FPGA 器件上，这个过程称为实现过程。在实现过程中最主要的过程是布局布线。

布局（Place）是指逻辑网表中的硬件原语或者底层单元合理地适配到 FPGA 内部的固有硬件结构上，布局的优劣对设计的最终实现结果（在速度和面积上）影响很大；布线（Route）是指根据布局的结构，利用 FPGA 内部的各种连线资源，合理正确连接各个元件的过程。FPGA 的结构相对复杂，为了获得更好的实现结果，特别是保证能够满足设计的时序条件，一般采用时序驱动的引擎进行布局布线。所以对不同的设计输入，特别是不同的时序约束，获得的布局布线结果一般有较大差异。

将布局布线的时延信息反标注到逻辑网表中，所进行的仿真就叫作时序仿真或布局布线后仿真。布局布线之后生成的仿真时延文件包含的时延信息最全，不仅包含门延时，还包含实际布线延时，所以布线后仿真最准确，能较好地反映芯片的实际工作情况。一般来讲，布线后仿真步骤必须进行，通过布局布线后仿真能检查设计时序与 FPGA 实际运行情况是否一致，确保设计的可靠性和稳定性。布局布线后仿真的主要目的在于发现时序违规，即不满足时序约束条件或者器件固有时序规则（建立时间、保持时间等）情况，在第 2.3 节功能实现与仿真中介绍的仿真工具一般都支持布局布线后仿真功能。

2.6 板级调试

板级调试是 FPGA 主要的验证方法，虽然板级调试能很直观地反映信号状态，也便于问题查找和定位，但是板级调试的一个最大的问题在于同步观察接口信号数量受限，且观测 FPGA 内部信号节点状态困难。如果 FPGA 的验证完全使用板级调试，就需要消耗巨大的人力物力，项目开发中要进行权衡。

（1）信号探针（SignalProbe）法

信号探针法是不影响原有设计功能和布局布线，只是通过增加额外布线将需要观察调试的信号连接到预先保留或暂时不使用的 I/O 接口，该方式相应得到的信号电平会随布线有一定的延时，不适合于高速、大容量信号观察调试，也不适合做板级时序分析。它的优势在于不影响原有设计，额外资源消耗为零，调试中也不需要保持连接 JTAG 等其他线缆，能够最小化编译或重编译的时间。这种信号探针法（SignalProbe）使用条件有：

① 首先要有多余的 I/O 接口；

② 器件是 FPGA 或 CPLD 芯片；

③ 必须要有外部测试设备，比如逻辑分析仪、示波器。需要外部设备来观察会导致信号具备一定的时延和不完整性，个人不常用。

（2）在线逻辑分析仪（SignalTap Ⅱ）

SignalTap Ⅱ 在线逻辑分析仪在很大程度上可以替代昂贵的逻辑分析仪，为开发节约成本，同时也为调试者省去了原本烦琐的连线工作，而有些板级连接的外部设备很难观察到的信号都能够轻松捕获。如果对设计进行模块的区域约束，也能够使在线逻辑分析仪对设计带来的影响最小化。在线逻辑分析仪的采样存储深度和宽度都在一定程度上受限于 FPGA 器件资源的大小。

使用该方法必须通过 JTAG 接口，它的采样频率可以达到 200MHz（若器件支持）以上，不用像外部调试设备一样担心信号的完整性问题。

推荐使用在线逻辑分析仪（SignalTap Ⅱ）。

（3）逻辑分析仪接口（Logic Analyzer Interface）法

这里的逻辑分析仪接口是针对具有外部逻辑分析仪的。调试者可以设置 FPGA 器件内部的多个信号映射到一个预留或暂时不用的 I/O 口上，从而通过较少的 I/O 口就能够观察到 FPGA 的多组内部信号。

该方法与第一种信号探针法类似，因此具备信号探针法的缺点，个人不常用。

（4）在线存储内容编辑法（In-System Memory Content Editor）

在线存储内容编辑是针对设计中例化的内嵌存储器内容或常量的调试，可以通过这种方法在线重写或者读出工程中内嵌存储器内容或常量。对于某些应用可以通过在线更改存储器内容后观察响应来验证设计，也可以在不同激励下在线读取当前存储内容来验证设计。总之，这种方法对存储器的验证具有很大帮助。

但是很遗憾，目前该功能只支持单口 RAM 以及 ROM，不支持双口 RAM。

（5）在线源和探针法（In-System Sources and Probes）

这种方法是通过例化一个定制的寄存器链到 FPGA 器件内部，这些寄存器链通过 JTAG 接口与器件通信，能够驱动器件内部的某些输入节点信号，采样某些输出节点信号，这就使得调试者不需要借助外部设备就能够给 FPGA 添加激励并观察响应。

第二篇

设计方法

FPGA

第3章 Verilog HDL语言要素

3.1 注释与格式

3.1.1 注释

Verilog语法与C语言有许多一致的地方，特别是注释语句几乎一样，也提供了两种注释方式，分别为行注释//与段注释/* … */。注释不作为代码的有效部分，只是起到注释的作用，提高程序的可读性。编译器在编译时自动忽略注释部分。

（1）行注释语句//

一种是由双斜杠“//”构成的注释语句，只注释一行，即从//开始到本行末都是注释部分。行注释常用来说明该行代码的含义、意图及提示等信息，也可以注释一行代码。如：

```
wire signed [3:0] a; // 定义有符号wire类型向量a
wire signed [3:0] b;
//wire signed [3:0] c;
```

上面三条语句中第三条被注释了，因此编译器在编译时自动忽略该条语句。

（2）段注释语句/*…*/

段注释语句可以注释一段内容，如：

```
`timescale 1ns/1ps
module tb
(
);
reg  [3:0] a, b, c;
wire [3:0] d;
wire [3:0] e;
```

```
initial begin
        a='b0;
        b='b0;
        c='b0;
        #10
        a='d7;
        b='d9;
        c='d12;
        #10
        a ='b11x1;
end
/*
cmp cmp_dut
(
        .a (a),
        .b (b),
        .c (c),
        .d (d),
        .e (e)
);
*/
endmodule
```

在上面语句中由符号“/*”与符号“*/”包起来的一段内容是注释部分，编译器在编译时自动忽略。

（3）文件头

一般好的习惯是在每个工程文件的开头有由注释语句组成的一段说明（或声明）文字，指明文件创建日期、修改日期、作者、版权，以及该文件的简短说明等。工程师在编写文件时要保持一个良好的习惯，为以后代码维护和版权维护带来方便。

Xilinx 推荐的格式如下：

```
//Company: <Company Name>
//Engineer: <Engineer Name>
//
//Create Date: <date>                                 创建时间
//Design Name: <name_of_top-level_design>             设计名称
//Module Name: <name_of_this_module>                  本模块名称
//Target Device: <target device>                      使用的目标器件
//Tool versions: <tool_versions>                      开发工具的版本号
```

```
//Description:                               描述
//<Description here>
//Dependencies:                              依赖
//<Dependencies here>
//Revision:                                  修订版
//<Code_revision_information>
//Additional Comments:
//<Additional comments>
//公司: Fraser Innovation Inc
//工程师:×××
//创建日期:202×年××月××日
//设计名称: 注释
//模块名:
//目标器件:
//工具软件版本号: Quartus Ⅱ 15
//描述:
//<Description here>
//依赖文件:
//<Dependencies here>
//修订版本:
//rev1.1
//额外注释:
//待定
module aaa
(
   input clk,
   input a,
   output b,
   input reset
);
...
...
endmodule
```

3.1.2 格式

Verilog HDL 区分大小写，也就是说大小写不同的标识符是不同的。此外，Verilog HDL 是自由格式的，即结构可以跨越多行编写，也可以在一行内编写。空白符（新行、制表符和空格）没有特殊意义，利用空白符可以使代码错落有致、结构清晰，方便代码阅读，在综合时空白符被忽略。下面通过实例解释说明。

```
initial begin COUNTER = 4'H0;  #10 COUNTER = 4'H1;  end
```

和下面的书写所表达的意思一样：

```
initial
begin
COUNTER = 4'H0;
#10  COUNTER = 4'H1;
end
```

3.2 标识符

Verilog HDL 中的标识符可以是任意一组字母、数字、$ 符号和 _(下划线) 符号的组合，标识符的第一个字符必须是字母或者下划线。另外需要注意的是，标识符是区分大小写的。以下是正确标识符的几个例子：

```
Comeon
COMEON  //与comeon不同
_ DATA
A 10_01
ONE $
```

错误标识符举例：

```
10_DATA
ONE#
TWO*
```

标识符也可以以反斜线“\”开始，此种标识符称作转义标识符。转义标识符（又称作转义字符），是由 \ 开始、以空白符结束的一种特殊编程语言结构。这种结构可以用来表示那些容易与系统语言结构相同的内容，例如 " 在系统中被用来表示字符串，如果字符串本身的内容包含一个与之形式相同的双引号，那么就必须使用转义标识符。下面列出了常用的几种转义标识符。除此之外，在反斜线之后也可以加上字符的 ASCⅡ，这种转义标识符相当于一个字符。常用的转义标识符有 \n（换行）、\t（制表位）、\b（空格）、\\（反斜杠）和 \"（英文的双引号）等。转义标识符可以包含任何可打印的字符，但是反斜线和空白符不是标识符的一部分。利用转义标识符可以在标识符中使用非法字符，例如：

```
\#@sel
\{A,B}
```

3.3 数据对象

3.3.1 常量

在 Verilog HDL 中，常量按类型主要分为数字常量、字符串常量和其他。

3.3.1.1 数字常量

首先介绍数字常量的表达形式。在数字常量中又有整数、实数。

（1）整数的表示形式

<+/->< 数字位宽 >'< 数字类型 >< 数字 >

其中每部分的具体含义如下：

<+/->：在数字常量中，我们可以通过在表示位宽的数字前面增加一个减号来表示它是一个负数，因为表示大小的常数总是正的，将减号放在基数和数字之间是非法的。负数通常表示为二进制补码的形式。

< 数字位宽 >：用于指明数字的位宽度，只能用十进制数表示。

< 数字类型 >：合法的数字类型包括十进制（用字母 D 或者 d 表示）、十六进制（用字母 H 或者 h 表示）、二进制（用字母 B 或者 b 表示）、八进制（用字母 O 或者 o 表示）。

< 数字 >：数字用 0，1，2，3，4，5，6，7，8，9，10，a（或 A），b(或 B)，c(或 C)，d(或 D)，e(或 E)，f(或 F) 来表示。但是，对于不同的数字类型，只能相应地使用其中的一部分，举例如下：

```
4'b1001（或者4B1001）          //表示是一个4位的二进制数
16'hFFFF（16HFFFF）            //这是一个16位的十六进制数
16'd120（16D120）              //这是一个16位的十进制数
-6'd3                          //这是一个6位的用二进制补码形式存储的十进制
                               //数3，表示负数
4'd-2                          //不正确的表示
```

在不指明位数的数字常量的表示中，如果在数字说明中没有指定数字类型，那么默认表示为十进制数；如果没有指定数字位宽，则默认的宽度与仿真器和使用的计算机有关（最小为 32 位）。举例如下：

```
12345                          //这是一个32位的十进制数
'Hc3                           //这是一个32位的十六进制数
'O21                           //这是一个32位的八进制数
```

在定义的位宽比实际的位数长时，在左边补“0”。但是如果最左边一位为 x 或 z，那么就相应地在左边补 x 或 z。若定义的位宽比实际的位数短，那么高位将丢失。举例如下：

```
12'b100                        //与12'b0000_0000_0100相同
```

```
12'bx100            //与12'bxxxx_xxxx_x100相同
4'b10010110         //与4'b0110相同
5'h0fff             //与5'h1f相同
```

（2）实数的表示形式

实数可以用下列两种形式定义：

① 十进制计数法。例如

```
4.0
3.567
1152.12
3.                  //非法：小数点两侧必须有1位数字
```

② 科学记数法。这种形式的实数举例如下：

```
123.1e2             //其值为23510.0(e与E相同，不区分大小写)
3.6E2               //360.0 (e与E相同，不区分大小写)
5 E-4               // 值为0.0005
```

在 Verilog 语言中，定义了实数如何隐式地被转换为整数。实数通过四舍五入被转换为最相近的整数。举例如下：

```
13.236，13.45       // 转换为整数13
22.5，22.699        //转换为整数23
-18.62              //转换为整数-19
-29.22              //转换为整数-29
```

3.3.1.2　字符串

字符串是由双引号括起来的一个字符队列。在字符串的表示中，一个字符串必须在一行中书写完毕，不能书写在多行中，即不能包含回车符。Verilog 将字符串当作一个单字节的 ASC Ⅱ字符队列。举例如下：

```
"Hello Verilog"     //是一个字符串
"b/c"               //是一个字符串
```

3.3.1.3　其他

除了以上介绍的几种常量外，还有 x 和 z 值以及下划线“_”和问号“？”这几种。

（1）x 和 z 值

Verilog 用两个符号分别表示不确定值和高阻值，这两个符号在实际电路的建模中是非常重要的，不确定值用 x 表示，高阻值用 z 表示。x 或 z 在二进制中代表 1 位 x 或 z，在八进制中代表 3 位 x 或 z，同理在十六进制中代表 4 位 x 或 z，举例如下：

```
12'h1Ax             //这是一个12位的十六进制数，四个最低位不确定
8'hx                //这是一个8位的十六进制数，所有位都不确定
16'bz               //这是一个16位的高阻值
```

```
8'b1100xxxx                //与8'hbx相同
8'b1100zzzz                //与8'hbz相同
```

（2）下划线符号和问号

除了在第一个字符位置，下划线“_”可以出现在数字常量中的任何位置，它的作用只是提高可读性，在编译阶段将被忽略掉。

在 Verilog 语言约定的常数表示中，问号“？”是 z 的另一种表示形式。使用问号的目的在于增强 casex 和 casez 语句的可读性。在这两条语句中，“？”（即高阻抗）表示“不必关心”的情况。举例如下：

```
12'b1111_0000_1010         //用下划线符号提高可读性
4'b10??                    //相当于4'b10zz
```

3.3.2 关键字

Verilog HDL 内部已经使用的固定词称为关键字，这些关键字用户不能随便使用。表 3-1 列出了 Verilog HDL 中的所有关键字。

在 Verilog HDL 中，所有关键字都是小写的。例如，ALWAYS（标识符）不是关键字，它与 always(关键字) 是不同的。

表3-1列出Verilog-1995的关键字。在Verilog-2001中增加了许多新的关键字，表3-2列出了Verilog-2001新增的关键字。关键字全部采用小写字母构成，用户程序中的变量名称等不能与关键字同名。

表3-1 Verilog-1995关键字

首字母	Verilog-1995关键字			
a	always	and	assign	
b	begin	buf	bufif0	bufif1
c	case	casex	casez	cmos
d	deassign	default	defparam	disable
e	edge endfunction endspecify	else endmodule endtable	end endprimitive endtask	endcase event
f	for function	force	forever	fork
h	highz0	highz1		
i	if input	ifnone integer	initial	inout
j	join			
l	large			
m	macromodule	medium	module	
n	nand not	negedge notif0	nmos notif1	nor

续表

首字母	Verilog-1995关键字			
o	or	output		
p	parameter pull0	pmos pull1	posedge pulldown	primitive pullup
r	rcmos release rtran	real repeat rtranif0	realtime rnmos rtranif1	reg rpmos
s	scalared strong0	small strong1	specify supply0	specparam supply1
t	table tranif0 tri1	task tranif1 triand	time tri trior	tran tri0 trireg
v	vectored			
w	wait while	wand wire	weak0 wor	weak1
x	xnor	xor		

表3-2 Verilog-2001新增的关键字

首字母	Verilog-2001 关键字		
a	automatic		
c	cell	config	
e	endconfig	endgenerate	
g	enerate	genvar	
i	incdir	include	instance
l	liblist	library	localparam
n	noshowcancelled		
p	pulsestyle_onevent	pulsestyle_ondetect	
s	showcancelled	signed	
u	unsigned	use	

3.4 数据类型

Verilog HDL 中数据类型的作用是表示硬件中的数据存储和传输，总体上数据类型可以分为两类，即网络和变量，代表不同的赋值方式和硬件结构。

网络（Net）：表示不同结构实体之间的物理连接。Net 本身不能存储值，它的值由它的驱动器上的值决定。如果 Net 类型的数据没有和驱动器连接，则默认值为 z 表示高阻值（只有一个例外是 trireg 类型的数据，不符合上述描述）。网络数据类型包括 wire、wand、wor、tri、triand、trior、tri0、tri1、trireg、supply0、supply1、uwire 共 12 种。FPGA 设计时一般只用 wire。

变量（Variable）：表示数据存储单元。过程块中对其赋值会改变物理上数据存储单元中的值。reg、time、integer 类型的数据初始值为 x 表示未知；real 和 realtime 类型的数据初始值为 0.0。

更早的 Verilog 标准将 reg、integer、time、real、realtime 这些类型的数据称作寄存器（Register），Verilog-2005 标准已经废除了这个叫法。

根据标准，如果网络类型和 reg 类型的数据没有声明位宽，则默认为 1bit 位宽，称作标量（Scalar）；声明多个 bit 的位宽，则称作矢量（Vector）。

定义 16bit 位宽的矢量时，通常用“reg [15:0] data;”这种形式。[ ] 中的范围规定，作用只是给矢量中的每个 bit 一个对应的地址，左边的值对应 MSB，右边的值对应 LSB。

Verilog 标准并没有规定 [ ] 中的范围值该怎么取，事实上选择正数、负数、0 都可以。MSB 对应的地址也不是必须大于 LSB 对应的地址。如下面代码中都是定义了 16bit 位宽的数据，将 MSB 赋值为 1。

```
module test
(
    input clk;
    output [15:0] a,
    output [16:1] b,
    output [0:15] c,
    output [5:-10] d
);
assign a[15] = 1, b[16] = 1, c[0] = 1, d[5] = 1;
endmodule
```

3.4.1 变量

reg类型的数据最为常用，在过程块中赋值，可以对硬件中的寄存器进行建模，如边沿敏感型（触发器）、电平敏感型（复位-置位寄存器、锁存器）存储单元。但reg类型的数据也可以用来表示组合逻辑（如always块的敏感列表为*）。

除 reg 类型以外，其他类型的变量更多的是提供一些代码设计上的便捷。

integer 类型：相当于 32bit 的带符号数。

time 类型：相当于 64bit 的无符号数，通常只是用于仿真，与 $time 系统任务配合使用，存储仿真时间。

real 和 realtime 类型：都是浮点数，没有本质上的区别，可以认为等效。

integer 和 time 类型本质上仍然是整数，因此和 reg 一样支持位选和段选；real 和 realtime 类型属于浮点数，不支持段选和位选。这四种数据类型都可以用于综合设计中，但是 real 和 realtime 两种实数类型在综合设计中只能为常数。

```
module test
```

```
(
    input clk;
    output  reg [15:0] c,
    output  reg [15:0] d
);
integer i = -500;
realtime j = 20.5;
always @ (posedge clk) begin
    c <= i*2;
    d <= j*3;
    i <= i + 1;
end
endmodule
```

仿真结果可以看到，c 的值为 −1000、−998、−996……，随时钟变化，d 的值固定为 63（实数被转换为整数）。

integer 类型的变量被当作 32bit 的 reg 型寄存器变量来处理；real 类型的变量直接当作常数赋值来处理。

3.4.2　线网类型

连线型数据相当于硬件电路中的各种物理连接，其特点是输出值紧跟输入值的变化而变化。对连线型数据有两种驱动方式：一种方式是在结构描述中将其连接在一个逻辑门或模块的输出端；另一种方式是用持续赋值语句 assign 对其进行赋值。

Verilog HDL 提供了多种 net 型变量，见表 3-3。

表 3-3　常用 net 型变量

线网类型	说明	可综合性[①]说明
wire,tri	连线类型	可综合
wor,trior	具有线或特性的连线	不可综合
wand,triand	具有线与特性的连线	不可综合
tri0,tri0	分别为上拉电阻和下拉电阻	不可综合
supply1,supply0	分别为电源（逻辑 1）和地（逻辑 0）	可综合

①可综合性是指能被综合器综合并生成电路结构网表。

无论是在仿真中还是在可综合的电路设计中，wire 类型都是最常用的线网类型变量，因此下面着重加以介绍。wire 型变量表示以 assign 语句赋值的组合逻辑信号。Verilog HDL 模块中的输入 / 输出信号类型缺省时自动定义为 wire 型。wire 型信号可以用作任何表达式的输入，也可以用作 assign 语句和实例元件的输出，对于综合器而言，其取值可为 0、1、x、z。举例如图 3-1 所示，A、B、C 都是线网类型的变量。

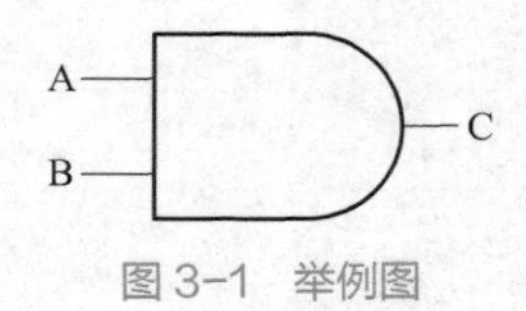

图 3-1　举例图

线网举例：

wire 类型的定义格式如下：

```
wire[位宽]<数据名>;
```

位宽缺省时默认位宽为1。

举例如下：

```
wire        A;                        //定义了wire变量A,位宽为1
wire        B;                        //定义了wire变量B,位宽为1
wire      A,B;                        //定义了wire变量A,B。与以上两条语句实现的作
                                      //用相同
```

上面 A、B 的宽度都是 1 位，若定义一个多位的 wire 型变量（如总线）有两种定义方式，它们分别是：

```
wire[n-1:0]<数据名>;                    //数据的宽度为n位
```

或

```
wire[n:1]<数据名>;                      //数据的宽度为n位
```

如下面的例子定义了16位宽的数据总线，8位宽的地址总线：

```
wire [15:0]  DATA_BUS;                 //databus的宽度是16位
wire [7:0]   ADDR_BUS;                 //addrbus的宽度是8位
```

或

```
wire [16:1]  DATA_BUS;
wire [8:1]   ADDR_BUS;
```

上面的定义可以书写为以下方式：

```
wire[7:0]   IN_DATA,  OUT_DATA; //这是一种简易的定义方式
                                //同wire[7:0] IN_DATA; wire[7:0]  OUT_DATA
                                //二者实现的功能相同
assign   OUT_DATA=IN_DATA;      //赋值操作，将IN_DATA的值赋给OUT_DATA
                                //若只使用其中某几位，可直接选中这几位即可
                                //以进行位操作，但应注意宽度要一致，如
wire[7:0] OUT_DATA;
wire[3:0] IN_DATA;
assign   OUT_DATA[5:2]= IN_DATA;   //OUT_DATA的第2到5位与IN_DATA相等
                                   //它等效于
assign OUT_DATA[5]=IN_DATA[3];
assign OUT_DATA[4]=IN_DATA[2];
```

```
assign OUT_DATA[3]=IN_DATA[1];
assign OUT_DATA[2]=IN_DATA[0];
```

注意

在进行定义时，数据名不能与关键字相同。下面举例说明：

```
wire[3:0]  end;          //不合法定义
wire       for;          //不合法定义
wire       END;          //合法的定义，因为Verilog HDL中区分大小写
```

所以，为了避免在设计中误用关键字，建议大家将数据名命名为大写字母，这是一个好的编码习惯的一个方面，下面介绍的几种数据类型定义同样如此。

3.5 表达式

表达式由操作数和操作符组成，表达式可以在出现数值的任何地方使用。

3.5.1 操作数

操作数可以是以下类型中的一种：

- 常数；
- 参数；
- 线网；
- 寄存器；
- 位选择；
- 部分选择；
- 存储器单元；
- 函数调用。

3.5.1.1 常数

前面的章节已讲述了如何书写常量。列举实例如下：

```
256,7                //非定长的十进制数
4'b10_11,8'h0A       //定长的整数常量
'b1,'hFBA            //非定长的整数常量
90.00006             //实数型常量
"BOND"               //串常量；每个字符作为8位ASC Ⅱ值存储
```

表达式中的整数值可被解释为有符号数或无符号数。如果表达式中是十进制整数，例如，

12 被解释为有符号数。如果整数是基数型整数（定长或非定长），那么该整数作为无符号数对待。下面举例说明。

12是01100的5位向量形式（有符号）；
-12是10100的5位向量形式（有符号）；
5'b01100是十进制数12（无符号）；
5'b10100是十进制数20（无符号）；
4'd12是十进制数12（无符号）。

更为重要的是对基数表示或非基数表示的负整数处理方式不同。非基数表示形式的负整数作为有符号数处理，而基数表示形式的负整数作为无符号数处理，因此 -44 和 -6'o54（十进制的 44 等于八进制的 54）在下例中处理不同。

```
integer Cone;
...
Cone =-44/4;
Cone =-6'o54/ 4;
```

注意

-44 和 -6'o54 以相同的位模式求值，但是 -44 作为有符号数处理，而 -6'o54 作为无符号数处理。因此在第一个赋值中 Cone 的值为 -11，而在第二个赋值中 Cone 的值为 1073741813。

3.5.1.2 参数

前面的章节已对参数作了介绍。参数类似于常量，并且使用参数声明进行说明。下面是参数声明实例。

```
parameter LOAD=4'd12, STORE=4'd10;
```

LOAD 和STORE为参数，值分别被声明为12和10。

3.5.1.3 线网

可在表达式中使用标量线网（1 位）和向量线网（多位）。下面是线网说明实例。

```
wire [0:3] Prt; //Prt为4位向量线网
wire Bbq; //Bbq是标量线网
```

线网中的值被解释为无符号数。在连续赋值语句中，

```
assign Prt=-3;
```

Prt被赋予位向量1101，实际上为十进制的13。在下面的连续赋值语句中，

```
assign Prt=4'HA;
```

Prt被赋予位向量1010，即为十进制的10。

3.5.1.4 寄存器

标量和向量寄存器可在表达式中使用。寄存器变量使用寄存器声明进行说明。例如：

```
integer TemA, TemB;
reg[1:5] State;
time Que[1:5];
```

整型寄存器中的值被解释为有符号的二进制补码数，而 reg 寄存器或时间寄存器中的值被解释为无符号数。实数和实数时间类型寄存器中的值被解释为有符号浮点数。

```
TemA  =-10;     // TemA值为位向量10110，是10的二进制补码
TemA  ='b1011; // TemA值为十进制数11
State =-10;     // State值为位向量10110，即十进制数22
State ='b1011; // State值为位向量01011，是十进制数11
```

3.5.1.5　位选择

位选择从向量中抽取特定的位。形式如下：

```
net_or_ reg_vector [bit_select_expr]
```

下面是表达式中应用位选择的例子。

```
State[1] && State[4]        //寄存器位选择
Prt[0] | Bbq                //线网位选择
```

如果选择表达式的值为 x、z，或越界，则位选择的值为 x。例如 State [x] 值为 x。

3.5.1.6　部分选择

在部分选择中，向量的连续序列被选择。形式如下：

```
net_or_ reg_vector [msb_const_expr: 1sb_const_expr]
```

其中范围表达式必须为常数表达式。例如：

```
State[1:4]      //寄存器部分选择
Prt  [1:3]      // 线网部分选择
```

选择范围越界或为 x、z 时，部分选择的值为 x。

3.5.1.7　存储器单元

存储器单元从存储器中选择一个字。形式如下：

```
memory  [word_address]
```

例如：

```
reg[1:8]Ack, Dram [0:63];
…
Ack = Dram [60]; //存储器的第60个单元
```

不允许对存储器变量值部分选择或位选择。例如：

Dram[60][2]不允许；

Dram[60][2:4]也不允许。

在存储器中读取一个位或部分选择一个字的方法如下：将存储器单元赋值给寄存器变量，然后对该寄存器变量采用部分选择或位选择操作。例如，Ack [2] 和 Ack [2:4] 是合法的表达式。

3.5.1.8 函数调用

表达式中可使用函数调用。函数调用可以是系统函数调用（以 $ 字符开始）或用户定义的函数调用。例如：

```
$time+SumOfEvents(A,B)
/ * $time是系统函数，并且SumOfEvents是在别处定义的用户自定义函数。* /
```

3.5.2 操作符

Verilog HDL 中的操作符可以分为下述类型：

① 算术操作符；

② 关系操作符；

③ 相等操作符；

④ 逻辑操作符；

⑤ 按位操作符；

⑥ 归约操作符；

⑦ 移位操作符；

⑧ 条件操作符；

⑨ 连接和复制操作符。

表 3-4 显示了所有操作符的优先级和名称。操作符从最高优先级（顶行）到最低优先级（底行）排列。同一行中的操作符优先级相同。

表 3-4 操作符的优先级和名称

操作符	名称	操作符	名称
+	一元加	>>	右移
-	一元减	<	小于
!	一元逻辑非	<=	小于等于
~	一元按位求反	>	大于
&	归约与	>=	大于等于
~ &	归约与非	==	逻辑相等
^	归约异或	!=	逻辑不等
^ ~ 或 ~ ^	归约异或非	===	全等
|	归约或	!==	非全等
~ |	归约或非	&	按位与
*	乘	^	按位异或
/	除	^ ~ 或 ~ ^	按位异或非
%	取模	|	按位或
+	二元加	&&	逻辑与
-	二元减	||	逻辑或
<<	左移	?:	条件操作符

除条件操作符从右向左关联外，其余所有操作符自左向右关联。下面的表达式：

```
A+B-C
```

等价于

```
(A+B)-C//自左向右
```

而表达式：

```
A?B:C?D:F
```

等价于：

```
A?B:(C?D:F)//从右向左
```

圆括号能够用于改变优先级的顺序，如以下表达式：

```
(A?B:C)?D:F
```

3.5.2.1 算术操作符

算术操作符有：

- +（一元加和二元加）；
- -（一元减和二元减）；
- *（乘）；
- /（除）；
- %（取模）。

整数除法截断任何小数部分。例如：

7/4 结果为 1。

取模操作符求出与第一个操作符符号相同的余数。

7%4 结果为 3。

而

-7%4 结果为 -3。

如果算术操作符中的任意操作数是 **x** 或 **z**，那么整个结果为 **x**。例如：

'b10x1 + 'b01111 结果为不确定数 ' bx **x x x x**。

（1）算术操作结果的长度

算术表达式结果的长度由最长的操作数决定。在赋值语句中，算术操作结果的长度由操作符左端目标长度决定。例如：

```
reg [0:3] Arc, Bar, Crt;
reg [0:5] Frx;
...
Arc=Bar+Crt;
Frx=Bar+Crt;
```

第一个加操作结果的长度由 Bar、Crt 和 Arc 长度决定，长度为 4 位。第二个加操作结果的长度同样由 Frx 的长度决定（Frx、Bar 和 Crt 中的最长长度），长度为 6 位。在第一个赋值中，加操作的溢出部分被丢弃；而在第二个赋值中，任何溢出的位都存储在结果位 Frx [1] 中。

在较大的表达式中，中间结果的长度如何确定？在 Verilog HDL 中定义了如下规则：表达式中的所有中间结果应取最大操作数的长度（赋值时，此规则也包括左端目标）。

例如：

```
wire [4:1] Box, Drt;
wire [1:5] Cfg;
wire [1:6] Peg;
wire [1:8] Adt;
…
assign Adt = (Box + Cfg) + (Drt + Peg);
```

表达式右端的操作数最长为 6，但是将左端包含在内时，最大长度为 8，所以所有的加操作使用 8 位进行。例如：Box 和 Cfg 相加的结果长度为 8 位。

（2）无符号数和有符号数

执行算术操作和赋值时，注意哪些操作数为无符号数、哪些操作数为有符号数非常重要。

无符号数存储在：

- 线网；
- 一般寄存器；
- 基数格式表示形式的整数。

有符号数存储在：

- 整数寄存器；
- 十进制形式的整数。

下面是一些赋值语句的实例：

```
reg [0:5] Bar;
integer Tab;
…
Bar = -4'd12;     //寄存器变量Bar的十进制数为52，向量值为110100
Tab = -4'd12;     //整数Tab的十进制数为-12，位形式为110100
-4'd12/4          //结果是1073741821
-12/4             //结果是-3
```

因为 Bar 是普通寄存器类型变量，只存储无符号数。右端表达式的值为 'b110100（12 的二进制补码），因此在赋值后，Bar 存储十进制数 52。在第二个赋值中，右端表达式相同，值为 'b110100，但此时被赋值为存储有符号数的整数寄存器，Tab 存储十进制数 -12（位向量为 110100）。注意：在两种情况下，位向量存储内容都相同；但是在第一种情况下，向量被解释为无符号数，而在第二种情况下，向量被解释为有符号数。

下面为具体实例：

```
Bar = -4'd12/4;
Tab = -4'd12/4;
Bar = -12/4;
Tab = -12/4;
```

在第一个赋值中，Bar 被赋予十进制数 61（位向量为 111101）。而在第二个赋值中，Tab 被赋予十进制数 1073741821（位值为 0011…11101）。Bar 在第三个赋值中赋予与第一个赋值相同的值，这是因为 Bar 只存储无符号数。在第四个赋值中，Bar 被赋予十进制数 -3。

下面是另一些例子：

```
Bar = 4-6;
Tab = 4-6;
```

Bar被赋予十进制数62（-2的二进制补码），而Tab被赋予十进制数-2（位向量为111110）。

下面为另一个实例：

```
Bar = -2+(-4);
Tab = -2+(-4);
```

Bar被赋予十进制数58（位向量为111010），而Tab被赋予十进制数-6（位向量为111010）。

3.5.2.2 关系操作符

关系操作符有：

- >（大于）；
- <（小于）；
- >=（不小于）；
- <=（不大于）。

关系操作符的结果为真（1）或假（0）。如果操作数中有一位为 **x** 或 **z**，那么结果为 **x**。例如：

```
23>45
```

结果为假（0），而

```
52<8'hxFF
```

结果为**x**。如果操作数长度不同，长度较短的操作数在最重要的位方向（左方）添0补齐。例如：

```
'b1000 >= 'b01110
```

等价于

```
'b01000 >= 'b01110
```

结果为假（0）。

3.5.2.3 相等操作符

相等操作符有：

- ==（逻辑相等）；
- !=（逻辑不等）；
- ===（全等）；
- !==（非全等）。

如果比较结果为假，则结果为0；否则结果为1。在全等比较中，值**x**和**z**严格按位比较。也就是说，不进行解释，并且结果一定可知。而在逻辑比较中，值**x**和**z**具有通常的意义，且结果可以不为**x**。也就是说，在逻辑比较中，如果两个操作数之一包含**x**或**z**，结果为未知的值（**x**）。

如下例，假定：

```
Data = 'b11x0;
Addr = 'b11x0;
```

那么：

```
Data == Addr
```

不定，也就是说值为x，但

```
Data === Addr
```

为真，也就是说值为1。

如果操作数的长度不相等，长度较小的操作数在左侧添0补位，例如：

```
2'b10 = = 4'b0010
```

与下面的表达式相同

```
4'b0010 = = 4'b0010
```

结果为真（1）。

3.5.2.4 逻辑操作符

逻辑操作符有：

- &&（逻辑与）；
- ||（逻辑或）；
- !（逻辑非）。

这些操作符在逻辑值0或1上操作。逻辑操作的结构为0或1。例如，假定：

```
Crd = 'b0; //0为假
Dgs = 'b1; //1为真
```

那么：

```
Crd && Dgs 结果为0（假）；
Crd || Dgs 结果为1（真）；
!Dgs 结果为0（假）。
```

对于向量操作，非0向量作为1处理。例如，假定：

```
A_Bus = 'b0110;
```

B_Bus = 'b0100;

那么：

A_Bus || B_Bus 结果为1；

A_Bus &&B_Bus 结果为1。

并且：

! A_Bus 与! B_Bus的结果相同，结果为0。

如果任意一个操作数包含**x**，结果也为**x**。

!**x** 结果为**x**。

3.5.2.5　按位操作符

按位操作符有：

- ～（一元非）；
- &（二元与）；
- |（二元或）；
- ^（二元异或）；
- ～^,^～（二元异或非）。

这些操作符在输入操作数的对应位上按位操作，并产生向量结果。表 3-5 ～表 3-8 显示对于不同操作符按步操作的结果。

表 3-5　与操作符按步操作的结果

&与	0	1	x	z
0	0	0	0	0
1	0	1	x	x
x	0	x	x	x
z	0	x	x	x

表 3-6　或操作符按步操作的结果

|或	0	1	x	z
0	0	1	x	x
1	1	1	1	1
x	x	1	x	x
z	x	1	x	x

表 3-7　异或操作符按步操作的结果

^异或	0	1	x	z
0	0	1	x	x
1	1	0	x	x
x	x	x	x	x
z	x	x	x	x

表 3-8　异或非操作符按步操作的结果

^～异或非	0	1	x	z
0	1	0	x	x
1	0	1	x	x
x	x	x	x	x
z	x	x	x	x

例如，假定：

A ='b0110;

B ='b0100;

那么：

```
A | B 结果为0110;
A & B 结果为0100;
```

如果操作数长度不相等，长度较小的操作数在最左侧添 0 补位。例如：

```
'b0110 ^ 'b10000
```

与如下所示的操作相同

```
'b00110 ^ 'b10000
```

结果为' b10110。

3.5.2.6 归约操作符

归约操作符在单一操作数的所有位上操作，并产生 1 位结果。归约操作符有：

- & (归约与)。如果存在位值为 0, 那么结果为 0；如果存在位值为 **x** 或 **z**，结果为 **x**；否则结果为 1。
- ~ & (归约与非)。与归约操作符 & 相反。
- | (归约或)。如果存在位值为 1，那么结果为 1；如果存在位值为 **x** 或 **z**，结果为 **x**；否则结果为 0。
- ~ | (归约或非)。与归约操作符 | 相反。
- ^ (归约异或)。如果存在位值为 **x** 或 **z**，那么结果为 **x**；如果操作数中有偶数个 1，结果为 0，否则结果为 1。
- ~ ^ (归约异或非)。与归约操作符 ^ 正好相反。

如下所示，假定：

```
A ='b0110;
B ='b0100;
```

那么：

```
|B 结果为1;
&B 结果为0;
~A 结果为1。
```

归约异或操作符用于决定向量中是否有位为 **x**。假定：

```
MyReg = 4'b01x0;
```

那么：

```
^MyReg 结果为x。
```

上述功能使用如下的 if 语句检测：

```
if (^MyReg === 1'bx)
$display ("There is an unknown in the vector MyReg!")
```

注意

逻辑相等 (==) 操作符不能用于比较；逻辑相等操作符比较将只会产生结果 **x**。全等操作符期望的结果为值 1。

3.5.2.7 移位操作符

移位操作符有：

- <<（左移）；
- >>（右移）。

移位操作符左侧操作数移动右侧操作数表示的次数，它是一个逻辑移位。空闲位添0补位。

如果右侧操作数的值为 **x** 或 **z**, 移位操作的结果为 **x**。假定：

```
reg [ 0:7] Qreg;
...
Qreg = 4'b0111;
```

那么：

`Qreg >> 2` 是`8'b00000001`。

Verilog HDL 中没有指数操作符。但是，移位操作符可用于支持部分指数操作。例如，如果要计算 $Z^{NumBits}$ 的值，可以使用移位操作实现，例如：

```
32'b1 <<NumBits // NumBits必须小于32。
```

同理，可使用移位操作为2-4解码器建模，如

```
wire [0:3] DecodeOut = 4'b1 <<Address [ 0:1 ];
```

Address[0:1] 可取值 0、1、2 和 3。与之相应，DecodeOut 可以取值 4'b0001、4'b0010、4'b0100 和 4'b1000，从而为解码器建模。

3.5.2.8 条件操作符

条件操作符根据条件表达式的值选择表达式，形式如下：

```
cond_expr ? expr1 : expr2
```

如果 cond_expr 为真（即值为 1），选择 expr1；如果 cond_expr 为假（值为 0），选择 expr2。如果 cond_expr 为 **x** 或 **z**，结果将是按以下逻辑 expr1 和 expr2 按位操作的值：0 与 0 得 0，1 与 1 得 1，其余情况为 **x**。

如下实例所示：

```
wire [0:2] Student = Marks > 18 ? Grade_A : Grade_C;
```

计算表达式 Marks > 18; 如果真 , Grade_A 赋值为 Student; 如果 Marks < = 18, Grade_C 赋值为 Student。

下面为另一实例：

```
always
#5 Ctr = (Ctr != 25) ? (Ctr + 1) : 5;
```

过程赋值中的表达式表明如果 Ctr 不等于 25, 则加 1；否则如果 Ctr 值为 25 时 , 将 Ctr 值重新置为 5。

3.5.2.9 连接和复制操作

连接操作是将小表达式合并形成大表达式的操作。形式如下：

```
{expr1, expr2,…, exprN}
```

实例如下所示：

```
wire [7:0] Dbus;
wire [11:0] Abus;
assign Dbus [7:4] = {Dbus[0], Dbus[1], Dbus[2], Dbus[3]};
//以反转的顺序将低端4位赋给高端4位
assign Dbus = {Dbus [3:0], Dbus [7:4]};
//高4位与低4位交换
```

由于非定长常数的长度未知，不允许连接非定长常数。例如，下列表达式非法：

```
{Dbus,5} //不允许连接操作非定长常数
```

复制通过指定重复次数来执行操作。形式如下：

```
{repetition_number {expr1, expr2,…,exprN}}
```

以下是一些实例：

```
Abus = {3{4'b1011}};              //位向量12 'b1011_1011_1011
Abus = {{4{Dbus[7]}}, Dbus};      //符号扩展
{3{1'b1}} 结果为1 1 1;
{3{Ack}} 结果与{Ack, Ack, Ack}相同。
```

3.5.3 表达式种类

常量表达式是在编译时就计算出常数值的表达式。通常，常量表达式可由下列要素构成：

① 表示常量文字，如 'b10 和 326。

② 参数名，如 RED 的参数表明：

```
parameter RED = 4'b1110;
```

标量表达式是计算结果为 1 位的表达式。如果希望产生标量结果，但是表达式产生的结果为向量，则最终结果为向量最右侧的位值。

FPGA

第4章 Verilog HDL基本语句

Verilog HDL 支持许多高级行为语句，使其成为结构化和行为性的语言。Verilog HDL 语句包括：过程语句、块语句、赋值语句、条件语句、循环语句、编译向导语句等。

4.1 赋值语句

赋值语句分为连续赋值语句和过程赋值语句。其中，连续赋值语句用于数据流行为建模；过程赋值语句用于顺序行为建模。

4.1.1 连续赋值语句

连续赋值语句是 Verilog HDL 中数据流行为建模的基本语句，用于对线网进行赋值。它等价于门级描述，然而是从更高的抽象角度来对电路进行描述。连续赋值语句必须以关键字 assign 开始。连续赋值语句具有以下特点：

· 连续赋值语句的左值必须是一个线网类型的标量或向量，而不能是寄存器类型的标量或向量；

· 连续赋值语句总是根据输入数据的变化使输出数据随即进行变化。只要任意一个操作数发生变化，表达式就会被立即重新计算，并且将结果赋给等号左边的线网；

· 操作数可以是线网或寄存器类型的标量或向量，也可以是函数调用；

· 连续赋值语句中必须使用“=”阻塞赋值进行赋值（关于阻塞赋值将在以后的章节进行详细介绍）。

连续赋值语句举例：

```
wire A;
```

```
wire B;
wire C; //定义线网型变量A、B、C
assign C=A&B; //将A与B进行“&”运算的结果赋给C
```

在上面的赋值语句中，A、B、C 三个变量都为 wire 型变量，A 和 B 变量的任何变化都将随时反映到 C 上来，“assign C=A&B”实现的作用就是从 A&B 的输出端拉出一根电线连接到 C 上。

再举例如下：

```
//向量线网的连续赋值语句。ADDR是16位的向量线网
reg  [15:0]  ADDR1;              //ADDR1是16位寄存器类型的向量
reg  [15:0]  ADDR2;              //ADDR2是16位寄存器类型的向量
wire [15:0]  ADDR3;              //ADDR3是16位线网类型的向量
assign ADDR3=ADDR1 [15: 0]^ ADDR2;
```

下面的[例 1]是用持续赋值方式定义的 2 选 1 多路选择器。

[例 1] 2 选 1 多路选择器。

```
input A;
input B;
input SEL;
output OUT;
assign OUT=(SEL==0)?A:B; //持续赋值，如果SEL为0，则OUT=A；否则OUT=B
```

4.1.1.1　缺省连续赋值

除了上文介绍的先对变量进行类型声明，然后对其进行连续赋值以外，Verilog HDL 还支持另外一种对线网赋值的简便方法：在线网声明的同时对其进行赋值。由于线网只能被声明一次，因此对线网的隐式声明赋值只能有一次。下面的实例中对隐式声明赋值和普通的连续赋值进行了对比。举例如下：

```
//普通的连续赋值
wire OUT;
assign OUT=IN1 & IN2;
//使用隐式声明赋值实现与上面两条语句同样的功能
wire OUT= IN1 &IN2;
```

4.1.1.2　缺省线网声明

如果一个信号名被用在连续赋值语句的左侧，那么 Verilog HDL 编译器认为该信号是一个缺省声明的线网类型变量。如果线网被连接到模块的端口上，则 Verilog HDL 编译器认为缺省声明线网的宽度等于模块端口的宽度。举例如下：

```
//连续赋值，OUT为线网类型变量
wire IN1;
wire IN2;
assign OUT=IN1 & IN2;     //OUT并未声明为线网类型变量，但Verilog仿真器会自动推
```

```
//断出OUT是一个线网类型变量
```

下面是连续赋值语句的另一些实例。

在下一个实例中，目标是一个向量线网和一个标量线网的拼接结果。

```
wire CONT;
wire CIN;
wire [3:0]   SUM;
wire [3:0]   A;
wire [3:0]   B;
assign (CONT, SUM) =A+B+CIN
```

因为 A 和 B 是 4 位宽，所以加操作最大能够产生 5 位结果。左端表达式的长度指定为 5 位（CONT 1 位，SUM 4 位）。赋值语句因此促使右端表达式最右边的 4 位的结果赋给 SUM，第 5 位（进位）赋给 CONT。

下例说明如何在一个连续赋值语句中编写多个赋值方式。

```
assign MUX=(SEL==0)?A:1'bz,
       MUX=(SEL==1)?B:1'bz,
       MUX=(SEL==2)?C:1'bz, //注意：以上三条语句使用逗号
       MUX=(SEL==3)?D:1'bz;          //使用分号
```

以上写法等同于：

```
assign MUX= (SEL==0)?A:1'bz;
assign MUX =(SEL==1)?B:1'bz;
assign MUX =(SEL==2)?C:1'bz;
assign MUX =(SEL==3)?D:1'bz;
```

4.1.2　过程赋值语句

Verilog HDL 中的多数过程模块都从属于以下 2 种过程语句：

- initial；
- always。

在一个模块设计中，可以使用多个 initial 和 always 语句。initial 语句常用于仿真中的初始化，initial 过程块中的语句仅执行一次；always 块语句则是不断重复执行的。每一个 initial 和 always 语句都是独立的执行过程，并且这些执行过程彼此间都是并行执行的，即这些语句的执行顺序与它们在模块内的书写顺序无关，并且每个 initial 和 always 过程语句都是在仿真时间 0 时刻同时开始的。always 过程语句是可综合的，在可综合的电路设计中应用广泛。注意：initial 和 always 过程语句不能相互嵌套使用。

4.1.2.1　always 语句

always 过程语句使用格式如下：

```
always @（敏感信号表达式）
begin
语句1;
语句2;
……
……
……
语句n;
end
```

用在 always 语句中的语句可以是赋值语句、条件语句、循环语句以及后面章节要介绍的任务和函数调用等。

“always”过程语句通常是带有触发条件的，触发条件写在敏感信号表达式中，只有当触发条件满足时，其后的“begin-end”块语句才能被执行。下面先介绍敏感信号的书写及应用。

· 敏感信号表达式

所谓敏感信号表达式，又称为事件表达式或敏感信号列表，即当该表达式中变量的值改变时，就会引发块内语句的执行。因此，敏感信号表达式中应列出影响块内取值的所有信号。对于同一个 always 过程语句中多个敏感信号用关键字“or”连接。

例如：

```
@(A)                                  //当信号A的值发生改变时
@(A orB)                              //当信号A或信号B的值发生改变时
```

[例 2] 是用 case 语句描述的 4 选 1 数据选择器。

[例 2]

```
wire IN0;
wire IN1;
wire IN2;
wire IN3;
wire[1:0] SEL;
reg OUT;
always @(IN0 or IN1 or IN2or IN3 or SEL)  //敏感信号列表
     case(SEL)
       2'b00: OUT=IN0;
       2'b01: OUT=IN1;
       2'b02: OUT=IN2;
       2'b03: OUT=IN3;
       default:OUT=2'bx;
   endcase
```

敏感信号可以分为两种类型：一种为电平敏感型，一种为边沿敏感型。电平敏感型是指当某个信号的电平发生变化时触发，而边沿敏感型是指在某个信号的上升沿或下降沿到来时触发。边沿敏感型主要是用来描述时序逻辑电路的，而电平敏感型主要是用来描述组合逻辑电路的。每一个 always 过程语句最好只由一种类型的敏感信号来触发，而不要将边沿敏感型和电平敏感型信号列在一起，即组合逻辑电路和时序逻辑电路要分开。举例如下：

```
always@(A or B)
//由电平触发的always块，其中A、B中任何一个发生变化，都会触发电路
always@(posedge CLK or posedge RST_B)
//边沿敏感型，表示在时钟的上升沿或者复位的下降沿触发
```

沿触发的 always 块常常描述时序行为，如有限状态机。如果符合可综合风格要求，则可通过综合工具自动将其转换为寄存器组和有组合逻辑的结构，而该结构应具有时序所要求的行为。而电平触发的 always 块常常用来描述组合逻辑的行为。如果符合可综合风格要求，可通过综合工具自动将其转换为组合逻辑的门级逻辑结构或带锁存器的组合逻辑结构，而该结构应具有组合逻辑所要求的行为，一个模块中可以有多个 always 块，它们都是并行运行的。如果这些 always 块是可以综合的，则表示的是某种结构；结果不可综合，则是电路结构的行为。因此，多个 always 块并没有前后之分。

对于电平敏感型，括号里要包括所有输入或条件信号，以避免造成不必要的逻辑错误。关于这方面在以后的章节有介绍。Verilog HDL 提供了一种简便的书写格式，即用“*”代替所有的输入或条件信号，这样既方便书写又避免了无意丢掉某个信号，还以 4 选 1 数据选择器为例书写为：

[例3]

```
wire IN0;
wire IN1;
wire IN2;
wire IN3;
wire[1:0] SEL;
reg OUT;
always @(IN0 or IN1 or IN2or IN3 or SEL)  //敏感信号列表
     case(SEL)
      2'b00: OUT=IN0;
      2'b01: OUT=IN1;
      2'b02: OUT=IN2;
      2'b03: OUT=IN3;
      default:OUT=2'bx;
   endcase
```

[例3]可以书写为：

```
wire IN0;
wire IN1;
wire IN2;
```

```
wire IN3;
wire[1:0] SEL;
reg OUT;
always @(*)  //包含了所有的输入或条件信号
     case(SEL)
      2'b00: OUT=IN0;
      2'b01: OUT=IN1;
      2'b02: OUT=IN2;
      2'b03: OUT=IN3;
      default:OUT=2'bx;
   endcase
```

· posedge 与 negedge 关键字

上文提到的边沿敏感型电路中会用到关键字 posedge 与 negedge，即上升沿用 posedge，下降沿用 negedge。下面的［例 4］是 8 位同步计数器电路。

［例 4］

```
wire SYSCLK;                //系统时钟
wire RST_B;                 //系统复位
reg [7:0] CNT;
reg [7:0] CNT_N;            //CNT的下一个状态
always @(posedge CLK)  //时序逻辑电路，边沿触发电路
begin
     if(! RST_B)
           CNT<=8'h0;
     else
           CNT<=CNT_N;
end
always @ (*)     //组合逻辑电路，电平触发电路
begin
if (CNT==8'Hc8) //计数到200时，计数器清零
           CNT_N=8'h0,
else
           CNT_N=CNT+8'h1;
end
```

在［例 4］中，posedge CLK 表示时钟信号 CLK 的上升沿作为触发条件，［例 4］是同步复位电路，所谓同步即在系统时钟的统一步调下运行。对于异步复位电路应书写为：

```
always @(posedge CLK or negedge RST_B)
//RST_B的下降沿复位
```

4.1.2.2　initial 语句

initial 语句不带有触发条件，initial 过程中的语句只执行一次，initial 语句常用于仿真中的初始化，它是面向模拟仿真的过程语句，不能被逻辑综合工具所支持。

initial 语句的使用格式如下：

```
 initial
begin
语句1;
语句2;
……
……
……
语句n;
end
```

下面对 initial 语句的使用举例进行说明。比如，[例 5] 的测试模块中利用 initial 语句完成对测试变量 A、B、C 的赋值。

[例 5] 用 initial 过程语句对测试变量 A、B、C 赋值。

```
reg A;
reg B;
reg C;
initial
begin
A=0;
B=0;
C=0; //0时刻A、B、C赋初值为0
#50  A=1;//时刻50后A=1;
#50  B=1;//时刻100后B=1;
#50  C=1;//时刻150后C=1;
end
```

[例 5] 对 A、B、C 的赋值相当于描述了如图 4-1 所示的波形。

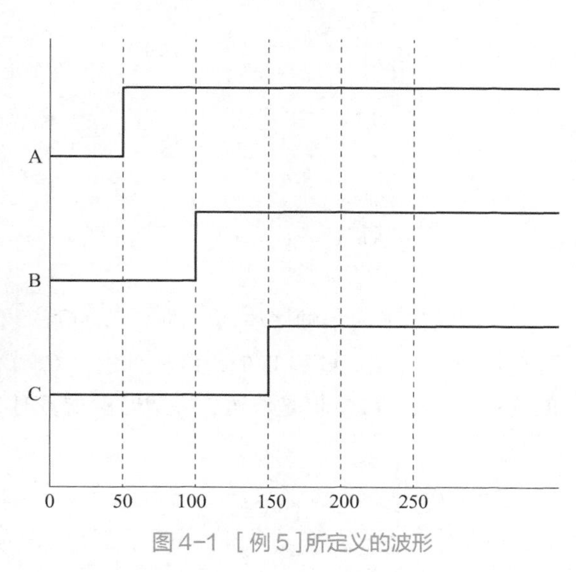

图 4-1 [例 5] 所定义的波形

4.2 单元块语句

块语句的作用是将多条语句合并成一组，使它们像一条语句那样。在前文的实例中，我们使用关键字 begin 和 end 将多条语句合并成一组，由于这些语句需要一条接一条地顺序执行，因此常称为顺序块。在本节中，我们将讨论 Verilog HDL 语言中的块语句。

块语句包括两种类型：顺序块和并行块。

4.2.1 顺序块 begin-end

顺序块：由关键字 begin 和 end 将多条语句合并组成。顺序块具有以下特点：

- 顺序块中的语句是一条接一条按顺序执行的；只有前面的语句执行完成之后才能执行后面的语句(除了带有内嵌延迟控制的非阻塞赋值语句)；
- 如果主句包括延迟或事件控制，那么延迟总是相对于前面那条语句执行完成的仿真时间的。

顺序块格式如下：

```
begin ：块名
        语句1;
        语句2;
          ……
          ……
          ……
        语句N;
end
```

所谓块名是指顺序块的名字，相当于一个标识符，在 Verilog HDL 中可以为每个块取一个名字，为块起名字可以方便在块内定义局部变量、允许其他语句调用块等。同时块名可以缺省，缺省后的格式如下：

```
begin
        语句1;
        语句2;
          ......
          ......
          ......
        语句N;
end
```

下面给出了两个顺序块语句的实例。顺序块中的语句按顺序执行。如[例 6]所示，在仿真 0 时刻，A、B、C 和 D 的最终值分别为 0、1、1 和 2。在[例 7]中，这四个变量的最终值也是 0、1、1 和 2，但是块语句完成时的仿真时刻为 200。

[例 6]

```
reg A;
reg B;
```

```
reg [1:0]  C;
reg [1:0]  D;

initial
begin
        A=1'b0;
        B=1'b1;
        C={x, y};
        D={y, x};
end
```

[例 7]

```
reg A;
reg B;
reg [1:0] C;
reg [1:0] D;

initial
begin
   #50 A=1'b0;    //在仿真时刻50完成
   #50 B=1'b1;    //在仿真时刻100完成
   #50 C={A, B};  //在仿真时刻150完成
   #50 D={B, A};  //在仿真时刻200完成
end
```

4.2.2 fork-join 语句

并行块由关键字 fork 和 join 声明，它的仿真特点是很有趣的。并行块具有以下特性：

- 并行块内的语句并发执行；
- 语句执行的顺序是由各自语句中的延迟或事件控制决定的；
- 语句中的延迟或事件控制是相对于块语句开始执行的时刻而言的。

并行块的关键字为 fork 和 join，我们可以将并行块的关键字 fork 看成是将一个执行流分成多个独立的执行流，而关键字 join 则是将多个独立的执行流合并为一个执行流。每个独立的执行流之间是并发执行的。注意顺序块和并行块之间的根本区别在于：在控制转移到块语句的时刻，并行块中所有的语句同时开始执行，语句之间的先后顺序是无关紧要的。

fork-join 并行块格式：

```
fork : 块名
      语句1;
```

```
        语句2;
        ......
        ......
        ......
        语句N;
join
```

同顺序块相同，所谓块名是指并行块的名字，相当于一个标识符，在 Verilog HDL 中可以为每个块取一个名字，为块起名字可以方便在块内定义局部变量、允许其他语句调用块等。同时块名可以缺省，缺省后的格式如下：

```
fork
        语句1;
        语句2;
        ......
        ......
        ......
        语句N;
join
```

让我们思考［例 7］中带有延迟的顺序块语句，并且考虑利用 fork-join 并行块实现相同的功能。［例 8］所示仿真结果是完全相同的。

［例 8］并行块。

```
reg A;
reg B;
reg[1:0]C;
reg[1:0]D;
initial
fork
        #50  A=1b0; //在仿真时刻50完成
        #100 B=1b1; //在仿真时刻100完成
        #150 C={A, B}; //在仿真时刻150完成
        #200 D={B, A}; //在仿真时刻200完成
join
```

嵌套块。在 Verilog HDL 中块可以嵌套使用，并且顺序块和并行块能够混合在一起使用，举例如下：

［例 9］

```
initial
begin
         A=1'b0;
```

```
        fork
              #5 B=1'b1;
              #10 D={A, B};
        join
        #20 C={B, A};
end
```

通过以上实例我们熟悉了并行块的执行特点，在并行块的应用中，我们需要注意的是，如果两条语句在同一时刻表对同一个变量产生影响，那么将会引起隐含的竞争，这种情况是需要避免的。举例如下：

[例 10]

```
   reg A;
   reg B;
   reg [1:0] C;
   reg [1:0] D;
fork
        A=1'b0;//语句1
        B=1'b1;//语句2
        C={A, B};//语句3
        D={B, A};//语句4
join
```

在仿真的时候，理论上要求并行块中的所有语句是一起执行的，但是实际上运行仿真程序的 CPU 是逐一执行语句的，所以每个时刻只能执行一条语句，而且不同的仿真器执行操作也是不同的。所以目前的仿真器在这方面有待改善。

在上面的[例 10]中就存在竞争风险。上面的[例 10]所有语句应在 0 时刻开始执行，但是实际执行的顺序是未知的。若先执行语句 1 和语句 2，那么 C、D 的值分别为 1、2；但是，如果语句 1 和语句 2 最后执行，那么 C、D 的值都是 2'bxx。

4.3 流程控制语句

Verilog HDL 中流程控制语句有条件语句和循环语句。

4.3.1 条件语句

Verilog HDL 中条件语句有两种，它们分别是：if-else 语句和 case 语句。

按照执行操作来说它们都是顺序执行语句，使用它们的时候应放在“always”过程块中。

下面对这两种语句分别介绍。

4

4.3.1.1 if-else 语句

if 语句是用来判定所给定的条件是否满足，根据判定的结果（真或假）决定执行给出的两种操作之一。在 Verilog HDL 语言中，if 语句的使用方法有以下三种，使用格式如下：

（1）if（表达式）

```
语句；//注意使用分号
```

（2）if（表达式）

```
        语句1；
    else
        语句2；
```

（3）if（表达式1）

```
          语句1；
else if（表达式2）
          语句2；
else if（表达式3）
          语句3；
else if（表达式N）
          语句N；
else
          语句N+1；
```

举例如下：

格式（1）的应用举例：

```
          if（A>B）
               OUT=DATA_IN;
```

格式（2）的应用举例：

```
          if（A>B）
               OUT=DATA_IN1;
          else
               OUT=DATA_IN2;
```

格式（3）的应用举例：

```
          if（A>B）
               OUT=DATA_IN1;
          else if（A==B）
               OUT=DATA_IN2;
          else
               OUT=DATA_IN3;
```

关于 if 语句使用的 5 点说明：

① 3 种格式的 if 语句在 if 后面都有“表达式”，一般为逻辑表达式或关系表达式。系统对表达式的值进行判断，若为 0、x、z，按“假”处理；若为 1，按“真”处理，执行指定的语句。

② 在每个 else 前面都有一个分号，整个语句结束处是以分号为标志的。分号是 Verilog HDL 语句不可缺少的部分，如果无此分号，则出现语法错误。同时 if 语句可以单独使用，而 else 子语句不能单独使用，必须与 if 成对使用。

③ if 和 else 语句后面可以有多个操作语句，此时用 begin 和 end 这两个关键字将几个语句包含起来组成一个复合块语句，注意在 end 后不需要再加分号，因为 begin-end 内是一个完整的复合语句，不需再附加分号。

举例如下：

[例 11]

```
if (A>B)
    begin
        OUT1<=DATA_OUT1;
        OUT2<=DATA_OUT2;
    end
else
    begin
        OUT1<=1'h0;
        OUT2<=1'h0;
    end
```

④ 允许一定形式的表达式简写方式，如下面的实例：

```
if (表达式 ==1)
if (表达式! ==1)
```

上面的实例可以简写成：

```
if (表达式)
if (! 表达式)
```

⑤ if-else 语句可以嵌套使用。格式如下：

```
if (表达式1)
   if (表达式2) // 内嵌if
         语句1;
   else
         语句2;
else
   if (表达式3) //内嵌if
         语句3;
else
         语句4;
```

应当注意 if 与 else 的配对关系，与 C 语言相同，else 总是与它上面的最近的 if 配对。若在设计中 if 与 else 的数目不一样，为了实现设计者的设计意图，可以用 begin-end 块语句来确定配对关系。如下文举例所示，begin-end 的使用人为地界定了 if 语句的使用范围，改变了 if 语句的就近配对关系，所以在使用 begin-end 块语句时要多加注意，避免错误地改变逻辑行为，在使用 if-else 语句时要注意配对关系。

举例如下：

```
    if（表达式1 ）
    begin
    if（表达式2 ）
        语句1；//（内嵌if）
    end
else
    语句2；
```

利用if-else语句描述具有优先级的8-3线译码器：

```
// 知识点
//if…else…对应的就是根据排列的顺序不同有优先级，放在前面的优先级最高
reg  [7:0]  IN;
always @ (*)
begin
     if(IN[7])        CODE = 3'h7;
     else if(IN[6])   CODE = 3'h6;
     else if(IN[5])   CODE = 3'h5;
     else if(IN[4])   CODE = 3'h4;
     else if(IN[3])   CODE = 3'h3;
     else if(IN[2])   CODE = 3'h2;
     else if(IN[1])   CODE = 3'h1;
     else if(IN[0])   CODE = 3'h0;
     else             CODE = 3'hz;
end
```

4.3.1.2 case 语句

相对于 if 语句只有两个分支而言，case 语句是一种多分支语句。使用 case 语句可以方便地描述译码器、数据选择器、状态机等电路。case 语句分 case、casez、casex 三种。下面分别对其进行介绍。

（1）case 语句

case 语句的使用格式如下：

```
case（表达式）
```

```
数值1:
语句1;          //case分支项
数值2:
语句2;
数值3:
语句3;
数值n:
语句n;
default:
语句n+1;
endcase
```

其执行的过程为：当 case 语句中的表达式的值为数值 1 时，执行语句 1；当表达式的值为数值 2 时，执行语句 2；依此类推。如果敏感信号表达式的值与上面列出的数值都不相同，则执行 default 后面的语句。如果前面已列出了表达式所有可能的取值，则 default 语句可以省略，但是为了程序的可读性和可维护性及确保电路经过综合后不出现不可预知的情况，建议大家即使列出了表达式所有可能的取值也不要将 default 语句省略。

与 if-else 语句相同，case 语句中的每一条分支语句都可以是一条语句或多条语句，多条语句需要使用关键字 begin 和 end 组合为一个块语句。注意：在一条 case 语句中不允许有多条 default 语句。另外，case 语句也可以嵌套使用。

上节所讲述的使用 if-else 语句描述的 8-3 线译码器，利用 case 语句描述如下。与 if-else 语句不同的是使用 case 语句描述的 8-3 线译码器没有优先级，case 语句的每个分支都是并行的，即与分支语句书写的位置无关。

```
reg  [7:0]  IN;
always @ (*)
begin
      case(IN)
8'b1000_0000:
                CODE = 3'h7;
8'b0100_0000:
                CODE = 3'h6;
8'b0010_0000:
                CODE = 3'h5;
8'b0001_0000:
                CODE = 3'h4;
8'b0000_1000:
                CODE = 3'h3;
8'b0000_0100:
                CODE = 3'h2;
```

```
8’b0000_0010:
                        CODE = 3’h1;
8’b0100_0001:
                        CODE = 3’h0;
Default:
                        CODE = 3’hz;
endcase
end
```

case 语句的行为类似于多路选择器。下面我们使用 case 语句描述四选一多路选择器电路。通过下面的[例 12]我们可以看到，使用 case 语句即使是实现八选一或十六选一多路选择器也很容易。

使用 case 语句实现四选一多路选择器。

[例 12]

```
wire IN0;
wire IN1;
wire IN2;
wire IN3;
wire S1;
wire S0;
reg OUT;

always @ (*)
case{S1,S0}//开关变量是由两个控制信号拼接而成的
2’d0:
OUT =IN0;
2’d1:
OUT =IN1;
2’d2:
OUT =IN2;
2’d3:
OUT =IN3;
default:
OUT =1’hz;
endcase
end
```

下面总结一下 case 语句的特点：

· case 括号内的表达式称为控制表达式，case 分支项中的表达式称为分支表达式。控制表达式通常表示为控制信号的某些位，分支表达式则用这些控制信号的具体状态值来表示，

因此分支表达式又可以称为常量表达式。

· 当控制表达式的值与分支表达式的值相等时，就执行分支表达式后面的语句，如果所有的分支表达式的值都没有与控制表达式的值相匹配，就执行 default 后面的语句。

· default 项可有可无，一个 case 语句里只准有一个 default 项。

· 每一个 case 分支项的分支表达式的值必须互不相同，否则就会出现矛盾（对分支表达式的同一个值，有多种执行方案）。

· 执行完 case 分支项后的语句，则跳出该 case 语句结构，终止 case 语句的执行。

· 在用 case 语句表达式进行比较的过程中，只有当信号的对应位的值能明确进行比较时，比较才能成功。因此，要注意详细说明 case 分支项的分支表达式的值。

· case 语句的所有表达式值的位宽必须相等，只有这样，控制表达式和分支表达式才能进行对应位的比较。一个经常犯的错误是用 'bx、'bz 来替代 n'bz、n'bz，这样写是不对的，因为信号 x、z 的默认宽度是机器的字节宽度，通常是 32 位（此处 n 是 case 控制表达式的位宽）。

（2）casez 与 casex 语句

在 case 语句中，表达式与数值 1 ～数值 n 间的比较是一种全等比较，必须保证两者的对应位全等。而 casez 与 casex 语句是由 case 语句衍变而来的。在 casez 语句中，如果分支表达式某些位的值为高阻 z，那么对这些位的比较就不予考虑，因此只需关注其他的比较结果。而在 casex 语句中，则把这种处理方式进一步扩展到对 x 的处理，即如果比较的双方有一方的某些位的值是 x 或 z，那么这些位的比较就都不予考虑。

表 4-1、表 4-2、表 4-3 分别列出了 case、casez 和 casex 语句在进行比较时的规则。

此外，还有一种标识 x 或 z 的方式，即用表示无关值的符号“？”来表示。下面进行举例对比。

例如：
```
case (A)
    2'b1x:
        OUT=1;  //只有A=1x，才有OUT=1
    casex (A)
    2'b1x:
        OUT=1;  //如果A=10、11、1x、1z等， OUT=1
    casez (A)
    3'b1x:
        OUT=1;  //如果A=100、101、110、111或1xx、1zz等， OUT=1
    3'b01?:
        OUT=1;  //如果A=010、011、01x、01z， OUT=1
```

表 4-1 case 语句比较规则

case	0	1	x	z
0	1	0	0	0
1	0	1	0	0

续表

case	0	1	x	z
x	0	0	1	0
z	0	0	0	1

表 4-2 casez 语句比较规则

casez	0	1	x	z
0	1	0	0	1
1	0	1	0	1
x	0	0	1	1
z	1	1	1	1

表 4-3 casex 语句比较规则

casex	0	1	x	z
0	1	0	1	1
1	0	1	1	1
x	1	1	1	1
z	1	1	1	1

[例 13] 是一个采用 casez 语句描述并使用了符号“？”的数据选择器的实例。

[例 13] 用 casez 描述的数据选择器。

```
wire A;
wire B;
wire C;
wire D;
wire [3: 0] SEL;
reg  OUT;

always @(*)
begin
casez(SEL)
```

```
4'b? ? ? 1:
   OUT=A;
4'b? ? 1? :
   OUT=B;
4'b? 1? ? :
   OUT=C;
4'b1? ? ? :
   OUT=D;
default:
   OUT=1'hz;

     endcase
end
```

4.3.1.3　条件语句使用要点

Verilog HDL 设计中容易犯的一个通病是由于不正确使用语言，生成了并不想要的锁存器。在使用条件语句时应注意所有的条件分支，如果漏掉某个条件，在进行编译时编译器会自动认为条件不满足，从而引入锁存器。下面举例说明。

[例 14]	[例 15]

always @(*)
begin
if(A)
　　Q<=D
end
 	
//由于没有else语句，引入了锁存器
	always @(*)
	begin
	if(A)
	　　Q<=D
	else
	　　Q<=0;
	end
	//考虑了其他分支条件，无锁存器

如[例 14]的“always”块，if 语句保证了只有当 A=1 时，Q 才取 D 的值，这段程序没有写出 A=0 时的结果，那么当 A=0 时会怎么样呢？

在“always”块内，如果在给定的条件下变量没有被赋值，那么这个变量将保持原值，也就是说会生成一个锁存器。

如果设计人员希望当 A=0 时，Q 的值为 0，则 else 项就必不可少了。请注意[例 15]的“always”块，整个 Verilog HDL 程序模块综合出来后，“always”块对应的部分不会生成锁存器。

Verilog HDL 程序中另一种偶然生成锁存器是在使用 case 语句时缺少 default 项的情况下发生的。如[例 16]和[例 17]所示。

<table>
<tr>
<td>

[例16]

```
always@(*)
  case(SEL)
  2b00:Q<=A;
  2b11:Q<B;
  endcase
//有锁存器
```

</td>
<td>

[例17]

```
always@(*)
  case(SEL)
  2b00:Q<=A;
  2b11:Q<B;
  default:Q<=0;
  endcase
//无锁存器
```

</td>
</tr>
</table>

case语句的功能是：在某个信号([例16]、[例17]中的SEL)取不同的值时，给另一个信号([例16]、[例17]中的Q)赋予不同的值。注意[例16]，如果SEL=00，Q取A值，而SEL=11，Q取B的值。[例16]中不清楚的是：如果SEL取00和11以外的值时Q将被赋予什么值？在[例16]中，程序是用Verilog HDL写的，即默认为Q保持原值，这就会自动生成锁存器。

[例17]很明确，程序中的case语句有default项，指明了如果SEL不取00或11时，编译器或仿真器应赋给Q的值。在该程序所示情况下，Q赋值为0，因此不需要锁存器。

以上就是怎样来避免偶然生成锁存器的错误。如果用到if语句，最好写上else项；如果用到case语句，最好写上default项。遵循以上两条原则，就可以避免发生这种错误，使设计者更加明确设计目标，同时也增强了Verilog HDL程序的可读性。

在使用条件语句时，为了使程序有较高的可读性和可维护性，应遵循以下几点要求：

- if else的级联不要超过3层。
- case的级联不要超过2层。
- if语句必须要有else,case语句必须要有endcase，否则将产生不必要的锁存器；设计中禁止使用casez/casex。不能使用casez/casex语句，并不是说明它们没有用，当在写仿真验证设计的时候，这些都是可以用的。

4.3.2 循环语句

Verilog HDL中存在着4种类型的循环语句，用来控制执行语句的执行次数，它们分别是：

- forever;
- repeat;
- while;
- for。

下面对各种循环语句详细地进行介绍。

4.3.2.1 forever语句

forever语句是连续的执行语句，forever语句的格式如下：

```
forever
语句;
或
forever
begin
//多条语句
end
```

forever 循环语句常用于产生周期性的波形，作为仿真测试信号。forever 循环语句不能独立写在程序中，而必须写在 initial 块中。

关键字 forever 用来表示永久循环，在永久循环中不包含任何条件表达式。只执行无限的循环，直到遇到系统任务 $finish 为止。forever 循环等价于条件表达式永远为真的 while 循环，例如 while（1）。如果需要从 forever 循环中退出，可以使用 disable 语句。

通常情况下 forever 循环是和时序控制结构结合使用的。如果没有时序控制结构，那么仿真器将无限次地执行这条语句，并且仿真时间不再向前推进，使得其余部分的代码无法执行。举例如下：

[例 18] 使用 forever 产生系统时钟。

```
  reg CLK;
  initial
  begin
          CLK=1’ b0;
  forever #10 CLK=~CLK;//时钟周期为20个单位时间
end
```

在每个时钟上升沿处使两个寄存器 A、B 的值一致。

[例 19]

```
reg CLK;
reg A;
reg B;
initial
begin
  forever @[poaedge CLK]
       A=B;
end
```

4.3.2.2 repeat 语句

repeat 语句可以连续执行一条语句 *n* 次。它的主要特点是可以执行固定次数的循环，repeat 循环的次数必须是一个常量、一个变量或者一个信号。如果循环重复次数是变量或者信号，循环次数是循环开始执行时变量或者信号的值，而不是循环执行期间的值。repeat 语句的使用格式如下：

```
repeat（循环次数表达式）
            语句；
或  repeat（循环次数表达式）
    begin
            多条语句；
    end
```

举例如下：

[例 20] 从 0 增加到 100 计数器。

```
reg [7:0] CNT;
initial
begin
   CNT=8'h0;
   repeat(8'h64)
   begin
        CNT=CNT+8'h1;
   end
end
```

4.3.2.3 while 语句

while 语句是执行一条语句直到某个条件不满足。如果一开始条件即不满足（为假），则语句一次也不能被执行。

while 语句的使用格式如下：

```
while（循环执行条件表达式）
语句；
或while（循环执行条件表达式）
begin
        多条语句；
    end
```

while 语句在执行时，首先判断循环执行条件表达式是否为真，若为真，执行后面的语句或语句块。然后再回头判断循环执行条件表达式是否为真，为真的话，再执行一遍后面的语句，如此循环，直到条件表达式不为真后，跳出循环。

[例 21] 利用 while 循环语句实现从 0 增加到 100 计数器。

```
reg [7:0] CNT;
initial
begin
   CNT=8'h0;
   while(CNT<8'h64)
```

```
    begin
        CNT=CNT+1;
    end
end
```

4.3.2.4 for 语句

for 语句的使用格式为：

```
for（表达式1;表达式2；表达式3）
```

它的执行过程为：

① 先求解表达式 1。

② 再求解表达式 2，若其值为真（非 0），则执行 for 语句中指定的内嵌语句，然后执行下面的第③步；若为假（0），则结束循环，转到第⑤步。

③ 若表达式 2 为真，在执行指定的语句后，求解表达式 3。

④ 转回第②步继续执行。

⑤ 执行 for 语句下面的语句。

for 语句最简单的应用形式是很容易理解的，其形式如下：

```
for（循环变量赋初值；循环结束条件；循环变量增值）
    执行语句；
```

for循环语句实际上相当于采用while循环语句，并建立以下的循环结构：

```
begin
循环变量赋初值；
white（循环结束条件）
        begin
            执行语句；
            循环变量增值；
        end
end
```

这样对于需要 8 条语句才能完成的一个循环控制，for 循环语句只需两条即可，因此 for 循环语句更为简洁。但是这并不能说明 for 循环语句可以完全替代 while 语句，而且 while 语句更为通用。

[例 22] 利用 for 循环语句实现从 0 增加到 100 计数器。

```
reg [7:0] CNT;
    for(CNT =8'h0;  CNT<8'h64; CNT=CNT+8'h1)
            ; //空语句
  end
```

4.3.2.5 循环语句对比举例

下面的[例 23] ～ [例 25] 3 个程序段分别用 for、repeat、while 语句实现同一个循环。

［例 23］

```
initial
begin
for(I=0,I<=99;I=I+1)
A=A+1;
end
```

［例 24］

```
initial
begin
repeat(100)
A=A+1;
end
```

［例 25］

```
initial
begin
I=0;
while=(I<100)
    begin
    I=I+1;
    A=A+1;
    end
end
```

［例 23］～［例 25］3 个程序分别用 for、repeat 和 while 语句实现了相同功能的循环。

FPGA 第5章

Verilog HDL 的描述方式

Verilog HDL 既是一种行为描述语言，也是一种结构描述语言，也就是说，既可以用电路的功能描述，也可以用元器件和它们之间的连接来建立所设计电路的 Verilog HDL 模型。

Verilog HDL 是一种能够在多个级别对数字电路和数字系统进行描述的语言，Verilog HDL 模型可以是实际电路不同级别的抽象，这些抽象级别可分为下面的一些层次：

① 系统级（System Level）；

② 功能级（Functional Level）；

③ 行为级 (Behavior Level)；

④ 寄存器传输级（Register Transfer Level，RTL）；

⑤ 门级（Gata Level）。

其中，前 3 种属于高级别的描述方法，是多数设计所采用的方式，门级描述主要是和逻辑门以及逻辑门之间的连接来建立电路模型。

在 Verilog HDL 中又分为下面 4 种描述设计的方式：

- 结构描述；
- 行为级描述；
- 数据流描述；
- 混合描述。

5.1 门级结构描述

Verilog HDL 中内置了许多门元件，所谓门级结构描述就是通过例化 Verilog HDL 中的内置门元件进行设计的描述方式。

5.1.1 门级结构的组成

Verilog HDL 内置有基本元件，主要是门元件（Gata Element）和开关级元件（Swith-level Element）。

基本元件主要包括以下几类：

- 基本多输入输出门：and、nand、or、nor、xor、xnor、buf、not、bufif0、bufif1、notif0、notif1。
- 开关级元件：nmos、pmos、cmos、rnmos、rpmos、rcmos、tran、tranif0、tranif1、rtran、rtranif0、rtranif1。
- 上拉、下拉电阻：pullup、pulldown。

Verilog HDL 中丰富的门元件为电路的门级结构描述提供了方便。Verilog HDL 中的门元件见表 5-1。

表 5-1 Verilog HDL 中的内置门元件

名称	关键字	符号	分类
与门	and	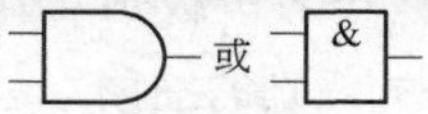 或 &	多输入门
或门	or	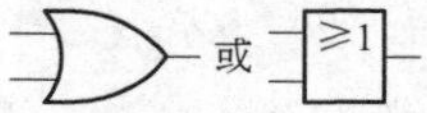 或 ≥1	
异或门	xor	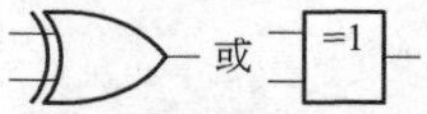 或 =1	
与非门	nand	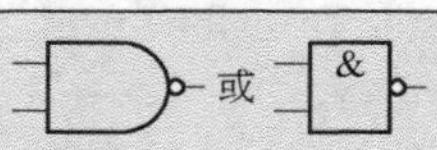 或 &	多输入门
或非门	nor	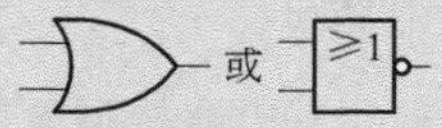 或 ≥1	
异或非门	xnor	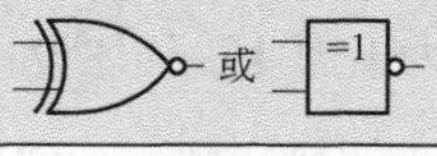 或 =1	
非门	not	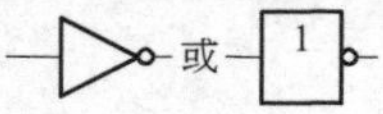 或 1	多输出门
缓冲器	buf	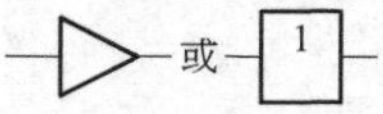 或 1	
高电平使能缓冲器	bufif1	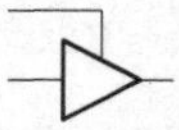	三态门
低电平使能缓冲器	bufif0	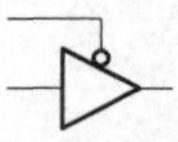	
高电平使能三态非门	notif1	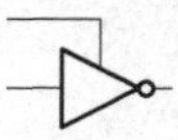	
低电平使能三态非门	notif0	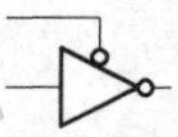	

5.1.2 门级结构的逻辑真值表

如表 5-2 ～表 5-11 列出了基本逻辑门的真值表。

表 5-2 nand（与非门）真值表

输入状态	0	1	x	z
0	1	1	1	1
1	1	0	x	x
x	1	x	x	x
z	1	x	x	x

表 5-3 nor（或非门）真值表

输入状态	0	1	x	z
0	1	0	x	x
1	0	0	0	0
x	x	0	x	x
z	x	0	x	x

表 5-4 xor（异或门）真值表

输入状态	0	1	x	z
0	0	1	x	x
1	1	0	x	x
x	x	x	x	x
z	x	x	x	x

表 5-5 xnor（异或非门）真值表

输入状态	0	1	x	z
0	1	0	x	x
1	0	1	x	x
x	x	x	x	x
z	x	x	x	x

表5-6　buf(缓冲器)真值表

buf	
输入状态	输出状态
0	0
1	1
x	x
z	x

表5-7　not(非门)真值表

not	
输入状态	输出状态
0	1
1	0
x	x
z	x

高电平使能缓冲器bufif1，若使能端输入为“1”，则输入数据被传送到数据输出端；若使能端输入为“0”，则数据输出端处于高阻状态“z”。真值表如表5-8所示。

表5-8　bufif1的真值表

输入状态	EN(使能端)			
	0	1	x	z
0	z	0	L	L
1	z	1	H	H
x	z	x	x	x
z	z	x	x	x

低电平使能缓冲器bufif0，若使能端输入为“0”，则输入数据被传送到数据输出端；若使能输入为“1”，则数据输出端处于高阻状态“z”。真值表见表5-9。

表5-9　bufif0的真值表

输入状态	EN(使能端)			
	0	1	x	z
0	0	z	L	L
1	1	z	H	H
x	x	z	x	x
z	x	z	x	x

高电平使能三态非门 notif1，若使能端输入为“1”，则数据输出端的逻辑状态是输入的“逻辑非”；若使能端输入为“0”，则数据输出端处于高阻状态“z”。真值表见表 5-10。

表 5-10　notif1 的真值表

输入状态	EN(使能端)			
	0	1	x	z
0	z	1	H	H
1	z	0	L	L
x	z	x	x	x
z	z	x	x	x

低电平使能三态非门 notif0，若使能端输入为“0”，则数据输出端的逻辑状态是输入的“逻辑非”；若使能端输入为“1”，则数据输出端处于高阻状态“z”。真值表见表 5-11。

表 5-11　notif0 的真值表

输入状态	EN(使能端)			
	0	1	x	z
0	1	z	H	H
1	0	z	L	L
x	x	z	x	x
z	x	z	x	x

5.1.3　门级结构描述实例

门元件例化格式为：

门元件名　例化的门名（输出端口 1，输出端口 2，……，输出端口 K，输入端口 1，输入端口 2，……，输入端口 n）;

不同的门对应的端口列表不同，具体如下：

- 多输入门只有一个输出端口，可以有多个输入端口。举例如下：

[例 1]

```
and  AND_1(OUT，A，B，C);    //三输入与门，其名字为AND_1
nor  NOR_2(OUT，A，B);       //二输入或非门，其名字为NOR_2
```

在端口列表中出现的第一个端口是输出端口，而且只能有一个输出端口，其后是多个输入端口。

- 多输出门只有一个输入端口，可以有多个输出端口。举例如下：

［例2］

```
not  NOT_1(OUT_1, OUT_2, IN);       //只有1个输入端口IN，2个输出端口
                                    //(OUT_1、OUT_2)
buf  BUF_1(OUT1, OUT2, OUT3, IN)    //只有1个输入端口IN，3个输出端口
                                    //(OUT_1、OUT_2、OUT_3)
```

· 三态门的格式。

与多输入门和多输出门不同的是三态门多了一个使能控制输入端口。三态门例化格式如下：

门元件名　例化的门名（输出端口 1，输入端口 2，使能控制端）；

［例3］

```
bufif1    BUF_1(OUT,IN,EN);          //高电平使能的三态门
bufif0    BUF_2(OUT,IN,EN);          //低电平使能的三态门
notif1    NOF_1(OUT,IN,EN);
notif1    NOF_2(OUT,IN,EN);
```

注意

对于多个同名门元件的例化，要求例化的门名不能相同。例化的门名也可以缺省不写，但是从可读性和可维护性方面来讲建议不要缺省，养成一个良好的书写习惯。

如图 5-1 所示为 RS 触发器逻辑图，它是由两个与非门组成的。

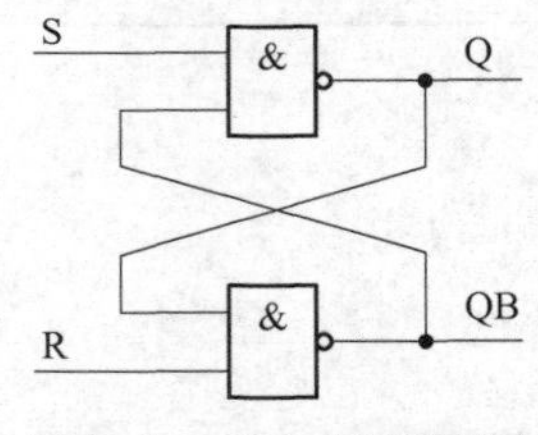

图 5-1　RS 触发器逻辑图

［例4］例化门元件实现基本 RS 触发器的结构描述。

```
module RS_FF
(
R,
S,
Q,
QB
);
    input R;
    input S;
```

```
output Q;
output QB;
wire R;
wire S;
wire Q;
wire QN;
nand U1(Q, S, QB),
nand U2(QB, R, Q);
endmodule
```

[例 4] 中调用了 2 个与非门，用了 2 条语句，也可以写成一条语句，如：

```
nand  U1(Q, S, QN),
      U2(QN, R, Q);
```

5.2 数据流描述

数据流描述抽象级别较高，不再需要清晰地刻画具体的数字电路，而比较直观地表达底层逻辑，故又称为寄存器传输级（RTL）描述。

5.2.1 数据流描述特点

- 从数据的变换和传送角度描述模块；
- 抽象级别适中，既显式地表达了模块的行为，又隐式地刻画了模块的电路结构。

5.2.2 数据流描述实例

以 3 人投票表决器为例，按照数据流描述方式实现功能：3 人投票表决器，只有 2 人及 2 人以上同意，输出才为 1。

真值表见表 5-12。

表 5-12　真值表

A	B	C	O
0	0	0	0
0	0	1	0
0	1	0	0
0	1	1	1
1	0	0	0

续表

A	B	C	O
1	0	1	1
1	1	0	1
1	1	1	1

电路抽象：要按照结构化描述来实现这一功能，首先应进行电路抽象，即先抽象出用何种电路实现这一功能，才能进行随后的描述。

经过卡诺图化简，拟采用与、非组合逻辑实现这一功能，即：

O = AB+AC+BC

实现代码：

```
`timescale 1ns / 1ps
module vote1(
    input A,
    input B,
    input C,
    output O
    );
// 中间信号
wire midAB;
wire midAC;
wire midBC;

//投票
AND2 m0(.O(midAB),.I0(A), .I1(B));
AND2 m1(.O(midAC),.I0(A), .I1(C));
AND2 m2(.O(midBC),.I0(C), .I1(B));
OR3 m3(.O(O),.I0(midAB), .I1(midBC),.I2(midAC));
endmodule
```

实现电路如图 5-2 所示。

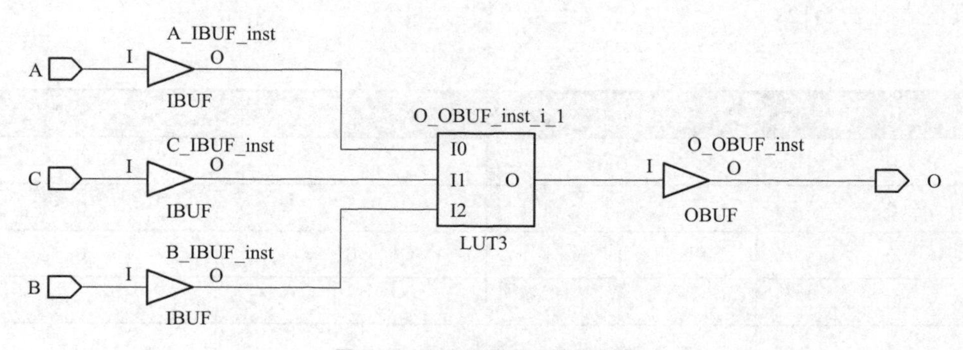

图 5-2　3 人投票表决器电路图

5.3 行为级描述

行为级描述方式就是对电路的功能进行抽象描述，其抽象程度高于结构描述方式，行为级描述方式侧重于电路的行为，不考虑由哪些具体的门或开关组成。行为级描述方式的标志是过程语句(always 过程语句和 initial 过程语句)。

5.3.1 行为级描述特点

概括能力极强，不关注电路实现，只描述数据逻辑；
抽象级别高，综合效率低，电路可控性差。

5.3.2 行为级描述实例

同样以 3 人投票表决器为例，按照行为级描述方式实现功能：
实现代码：

```
`timescale 1ns / 1ps
module vote3(
    input A,
    input B,
    input C,
    output reg O
    );

//投票
always@(*)
begin
     case({A,B,C})
     3'b000:begin
          O = 1'b0;
     end
     3'b001:begin
          O = 1'b0;
     end
     3'b010:begin
          O = 1'b1;
     end
```

```
        3'b011:begin
            O = 1'b1;
        end
        3'b100:begin
            O = 1'b0;
        end
        3'b101:begin
            O = 1'b1;
        end
        3'b110:begin
            O = 1'b1;
        end
        3'b111:begin
            O = 1'b1;
        end
        default:begin
            O = 1'b0;
        end
        endcase
    end
    endmodule
```

FPGA

第6章 Verilog HDL的函数和任务

6.1 函数

函数可以在模块不同位置执行共同代码。函数只能返回一个值，它不能包含任何时延或时序控制（必须立即执行），并且它不能调用其他的任务。此外，函数必须带有至少一个输入，在函数中允许没有输出或输入输出说明。与C语言相类似，在Verilog HDL中，函数是为了对不同操作数进行相同运算的可重复调用的单元。函数在综合时被转换成具有独立运算功能的电路，每调用一次函数，相当于改变这部分电路的输入，以得到相应的计算结果。

函数的目的是返回一个值，以用于表达式的计算。

6.1.1 函数定义

函数说明部分可以在模块说明中的任何位置出现，函数的输入是由输入说明指定，形式如下：

```
function [range] function_id;
input_declaration
other_declarations
procedural_statement
endfunction
```

如果函数说明部分中没有指定函数的取值范围，则其缺省的函数值为1位二进制数。函数实例如下：

```
module Function Example
parameter MAXBITS = 8;
```

```
function [MAXBITS-1:0] Reverse_Bits;
input [MAXBITS-1:0] Din;
integer K;
begin
for (K = 0; K <MAXBITS; K = K + 1)
Reverse_Bits [MAXBITS - K] = Din[K];
end
endfunction
…
endmodule
```

函数名为Reverse _ Bits。函数返回一个长度为MAXBITS的向量。函数有一个输入Din[K]，是局部整型变量。

函数定义在函数内部，隐式地声明一个寄存器变量，该寄存器变量与函数同名并且取值范围相同。函数通过在定义中显式地对该寄存器变量赋值来返回函数值。对这一寄存器变量的赋值必须出现在函数定义中。下面是另一个函数的实例。

```
function Parity;
input [0:31] Set;
reg [0:3] Ret;
integer J;
begin
Ret = 0;
for (J = 0;J <= 31; J = J + 1)
if (Set[J] == 1 )
Ret = Ret + 1;
Parity = Ret % 2;
end
endfunction
```

在该函数中，Parity是函数的名称。因为没有指定长度，函数返回1位二进制数。Ret和J是局部寄存器变量。注意：最后一个过程性赋值语句赋值给寄存器变量，该寄存器变量从函数返回（与函数同名的寄存器变量在函数中被隐式地声明）。

6.1.2 函数调用

函数调用是表达式的一部分。形式如下：

```
func_id(expr1, expr2,…, exprN)
```

以下是函数调用的例子：

```
reg [MAXBITS-1:0] New_Reg,RegX; //寄存器变量说明
New_Reg = Reverse_Bits(RegX); //函数调用在右侧表达式内
```

与任务相似，函数定义中声明的所有局部寄存器变量都是静态的，即函数中的局部寄存器变量在函数的多个调用之间保持它们的值。

通过上面的实例，须强调的是在使用函数时，应注意以下几点：

- 函数的定义与调用必须在一个 module 模块内。
- 在函数中不能包含有任何的时间控制语句，同时定义函数时至少要有一个输入变量等，这些都需要在使用时注意。
- 函数只允许有输入变量，且必须至少有一个输入变量。
- 函数中允许没有输出或双向变量。
- 不含有非阻塞赋值语句。
- 在设计模块中，若函数在两个不同的地方被同时并发调用时，由于两个调用同时对同一块地址空间进行操作，那么这种情况的计算结果将是不确定的。

6.2 任务

一个任务就像一个过程，它可以从描述的不同位置执行共同的代码段。共同的代码段用任务定义编写成任务，这样它就能够从设计描述的不同位置通过任务调用被调用。任务可以包含时序控制，即时延控制，并且任务也能调用其他任务和函数。

6.2.1 任务定义

任务定义的形式如下：

```
task task_id;
[declarations]
procedural_statement
endtask
```

任务可以没有、有一个或多个参数。值通过参数传入和传出任务。除输入参数外（参数从任务中接收值），任务还能带有输出参数（从任务中返回值）和输入输出参数。任务的定义在模块说明部分编写。例如：

```
module Has_Task;
parameter MAXBITS = 8;
task Reverse_Bits;
input [MAXBITS -1:0] Din;
output [MAXBITS -1:0] Dout;
integer K;
begin
```

```
for (K = 0; K <MAXBITS; K = K + 1)
Dout [MAXBITS - K] = Din[K];
end
endtask
…
endmodule
```

任务的输入和输出在任务开始处声明。这些输入和输出的顺序决定了它们在任务调用中的顺序。下面是另一个例子：

```
task Rotate_Left;
inout [1:16] In_Arr;
input [0:3] Start_Bit,Stop_Bit,Rotate_By;
reg Fill_Value;
integer Mac1,Mac3;
begin
for (Mac3 = 1; Mac3 <= Rotate_By; Mac3 = Mac3 + 1)
begin
Fill_Value = In_Arr[Stop_Bit];
for (Mac1 = Stop_Bit; Mac1 >= Start_Bit + 1;
Mac1 = Mac1 - 1 )
In_Arr[Mac1] = In_Arr [Mac1 - 1];
In_Arr[Start_Bit] = Fill_Value;
end
end
endtask
```

Fill_Value 是任务的局部寄存器变量，只能在任务中直接可见。任务的第 1 个参数是输入输出数组 In_Arr，随后是 3 个输入参数，Start_Bit、Stop_Bit 和 Rotate_By。

除任务参数外，任务还能够引用说明任务的模块中定义的任何变量。

6.2.2 任务调用

一个任务由任务调用语句调用。任务调用语句给出传入任务的参数值和接收结果的变量值。任务调用语句是过程性语句，可以在 always 语句或 initial 语句中使用。形式如下：

```
task_id [(expr1,expr2,…,exprN)];
```

任务调用语句中参数列表必须与任务定义中的输入、输出和输入输出参数说明的顺序匹配。此外，参数要按值传递，不能按地址传递。在其他高级编程语言中，例如 Pascal，任务与过程的一个重要区别是任务能够被并发地调用多次，并且每次调用能带有自己的控制，最重要的一点是在任务中声明的变量是静态的，即它绝不会消失或重新被初始化。因此一个任务调用能够修改被其他任务调用读取的局部变量的值。

下面是调用任务 Reverse_Bits 的实例，该任务定义已在前文中给出。

```
//寄存器说明部分
reg [MAXBITS-1:0] Reg_X, New_Reg;
Reverse_Bits(Reg_X , New_Reg); //任务调用
```

Reg_X 的值作为输入值传递，即传递给 Din。任务的输出 Dout 返回到 New_Reg。注意：因为任务能够包含定时控制，任务可在被调用后再经过一定时延才返回值。因为任务调用语句是过程性语句，所以任务调用中的输出和输入输出参数必须是寄存器类型的。在上面的实例中，New_Reg 必须被声明为寄存器类型。

下面的实例不通过参数表向任务调用传入变量。尽管引用全局变量被认为是不良的编程风格，但有时却非常有用。

```
module Global_Var;
reg [0:7] RamQ [0:63];
integer Index;
reg  CheckBit;
task GetParity;
input Address;
output Parity_Bit;
Parity_Bit = ^RamQ[Address];
endtask

initial
for (Index = 0; Index <= 63; Index = Index+ 1)
 begin
Get_Parity(Index , Check_Bit);
$display("Parity bit of memory word %d is %b.",
Index, Check_Bit);
end
endmodule
```

存储器 RamQ 的地址被作为参数传递，而存储器本身在任务内直接引用。

任务可以带有时序控制，或等待特定事件的发生。但是，输出参数的值直到任务退出时才传递给调用参数。例如：

```
module Task_Wait;
reg No_Clock;
task Generate_Waveform;
output ClockQ;
begin
ClockQ = 1;
#2 ClockQ = 0;
```

```
#2 ClockQ = 1;
#2 ClockQ = 0;
end
endtask
initial
Generate_Waveform (No_Clock);
endmodule
```

任务 Generate_Waveform 对 ClockQ 的赋值不出现在 No_Clock 上，即没有波形出现在 No_Clock 上，只有对 ClockQ 的最终赋值 0 在任务返回后才出现在 No_Clock 上。为避免这一情形出现，将 ClockQ 声明为全局寄存器类型，即在任务之外声明它。

6.3 函数和任务的差异

任务和函数分别由 task 和 function 说明语句来定义，利用任务和函数可以把一个程序模块分解成许多较小的任务和函数，便于重复调用。使用 task 和 function 语句可以简化程序的结构，使程序简明易懂，这是编写较大型模块的基本功。

task 和 function 说明语句的不同点主要有以下 4 点：

- 在仿真模块中，函数的仿真时间单位与主模块的仿真时间单位相同，而任务可以定义自己的仿真时间单位。
- 函数不能启动任务，而任务能启动其他任务和函数。
- 函数至少要有一个输入变量，而任务可以没有或有多个任何类型的变量。
- 函数自动返回一个值，而任务则不返回值。

函数的结果是返回一个值，任务却能计算多个结果值，这些结果值只能通过被调用的任务的输出或总线端口传送。Verilog HDL 模块使用函数时，则把它当作表达式中的操作符，这个操作的结果值就是这个函数的返回值。函数和任务的差异见表 6-1。

表 6-1　函数和任务的差异

项目 / 类别	任务	函数
输入输出	可以有任意多个输入输出	至少有一个输入，不能有输出和双向端口
调用	任务只能在过程语句中调用，不能在连续赋值语句中调用	函数可作为赋值操作的表达式，用于过程赋值和连续赋值语句
触发事件控制	任务不能出现 always 语句；可以包含延时控制语句（#），但只能面向仿真，不能综合	函数中不能出现 always、# 这样的语句，要保证函数执行在零时间（不能包含任何延迟；函数仿真时间为 0）内完成
调用其他	可以调用其他任务和函数	只能调用函数，不能调用任务
返回值	通过输出端口传递返回值	通过函数名返回，只有一个返回值
其他说明	任务调用语句可以作为一条完整的语句出现	函数调用语句不能单独作为一条语句出现，只能作为赋值语句的右端操作数
中断	可以由 disable 中断	不允许由 disable 中断

FPGA

第7章 状态机

7.1 状态机的分类与特点

状态机由状态寄存器和组合逻辑电路构成，状态寄存器用于存储状态，组合逻辑电路用于状态译码和产生输出信号。状态机适合描述具有顺序或者逻辑规律的事件。根据状态机的状态是否是有限的，状态机可以分为有限状态机和无限状态机，数字电路中涉及的事物状态都是有限的，所以本书只对有限状态机进行详细介绍。有限状态机（Finite State Machine,FSM）及其设计技术是数字系统设计的重要组成部分，是时序电路设计中经常采用的一种设计方式，尤其适用于实现高效率、高可靠数字系统的控制模块。在一些需要控制高速器件的场合，用状态机进行设计是解决问题的一种很好的方案。

有限状态机可以用状态转移图、状态转移表、硬件描述语言进行设计。本章将对利用Verilog HDL设计状态机的方式进行详细介绍。在Verilog HDL设计方式中，状态机主要分为两部分，它们分别是组合逻辑部分和寄存器逻辑部分。其中组合逻辑部分实现状态机的条件判断并产生输出信号，寄存器逻辑部分主要是存储状态机的状态。实践证明，在执行速度方面，状态机要优于CPU，因此有限状态机在数字系统设计中尤为重要。

7.1.1 状态机的分类

根据状态机的输出信号产生机理的不同，状态机又可分为摩尔（Moore）型和米勒（Mealy）型，下面我们分别进行介绍。根据状态机的转移是否受时钟控制，状态机又可分为同步状态机和异步状态机。在实际应用中，通常都将状态机设计成同步方式。

米勒型状态机（见图7-2）的输出是在输入发生变化后立即变化的，不依赖时钟信号的同步，而摩尔型状态机（见图7-1）在输入发生变化时，还必须等待时钟信号的到来，必须等状态发生变化后才导致输出发生变化，因此摩尔型状态机比米勒型状态机多等待一个时钟周期。

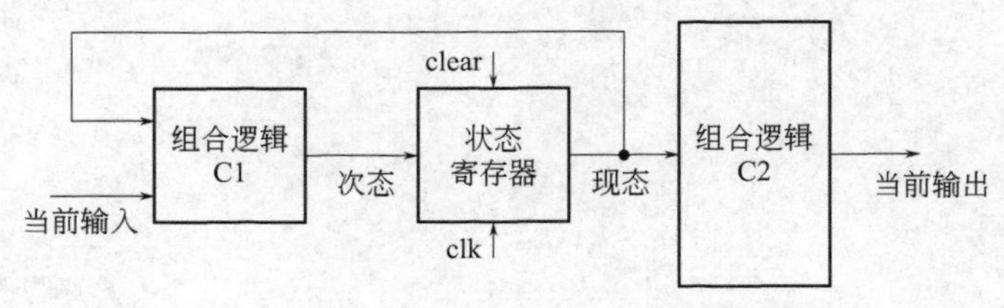

图 7-1　摩尔型状态机示意图

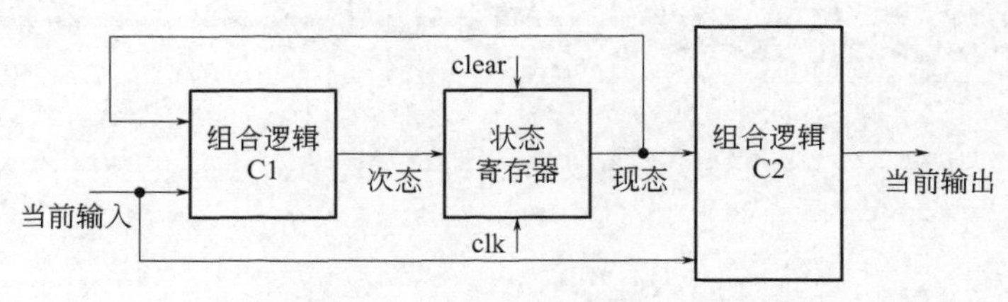

图 7-2　米勒型状态机示意图

7.1.1.1　摩尔型状态机

我们以一个序列检测器为例，检测到输入信号 101 时输出为 1，其他时候输出为 0。用摩尔型 FSM 实现需要用到四个状态（STATE0、STATE1、STATE2、STATE3），而用米勒型 FSM 实现则需要用到三个状态（STATE0、STATE1、STATE2）。摩尔型 FSM 输出函数只由状态变量决定，要想输出 OUT=1，STATE3 状态必须形成。输出 OUT=1 会在下一个有效沿到来的时候被赋值。而米勒型 FSM 输出函数是由输入和状态变量共同决定的。状态在 STATE2 的时候如果输入为 1，则组合电路直接输出 OUT=1，不需要等到下个有效沿到来，从而也就不需要第四个状态 STATE3。

101 序列检测器要求检测连续输入的 3 个数据是否为 101，如果连续输入的数据是 101 序列，输出为 1，其他输入情况输出为 0，见图 7-3。

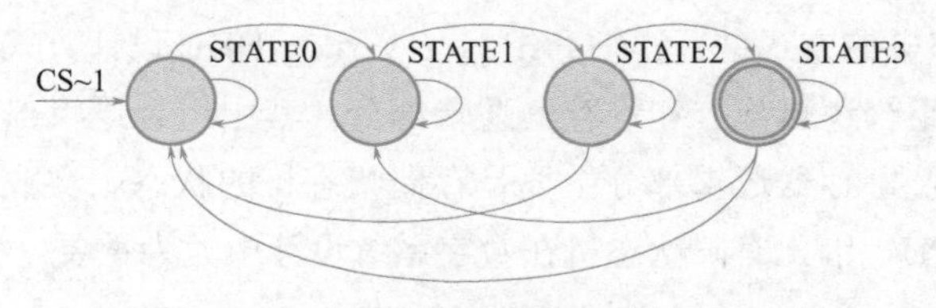

图 7-3　101 序列检测器（摩尔型）状态机图

［例 1］

```
module MOORE
(
        CLK,
        RST_B,
        DATA_IN,
        OUT
);
```

```
input    CLK;          //系统时钟
input    RST_B;        //系统复位
input    DATA_IN;      //串行输入的数据
output   OUT;          //检测到101序列，OUT输出为1，否则为0

wire     CLK;
wire     RST_B;
wire     DATA_IN;
wire     OUT;

reg   [1:0]     CS;
reg   [1:0]     NS;
parameter STATE0=2'b00;
parameter STATE1=2'b01;
parameter STATE2=2'b10;
parameter STATE3=2'b11; //定义状态，采用二进制的编码方式

always @ (posedge CLK or negedge RST_B)
    begin
      if(!RST_B)
      CS<=STATE0;
      else
      CS<=NS;
    end

always@(*)  //状态转移控制
begin
case(CS)
                STATE0:

                if(DATA_IN==1'b1)
                        NS=STATE1;
                else
                        NS=STATE0;


    STATE1:


                if(DATA_IN==1'b0)
                        NS=STATE2;
```

```
                        else  if(DATA_IN==1'h1)
                                NS=STATE1;
                        else
                                NS=STATE0;


            STATE2:
                        if(DATA_IN==1'h1)
                                NS=STATE3;
                        else
                                NS=STATE0;
            STATE3:
                        if(DATA_IN==1'h1)
                                NS=STATE1;
                        else
                                NS=STATE0;


            default:
                                NS=STATE0;
        endcase
        end

    assign   OUT=(CS==STATE3)?1'h1:1'h0;
    endmodule
```

7.1.1.2 米勒型状态机

对于前面所设计的101序列检测器，如果采用米勒型状态机实现，比摩尔型状态机要少一个状态。如图7-4所示为利用米勒型状态机设计的101序列检测器。

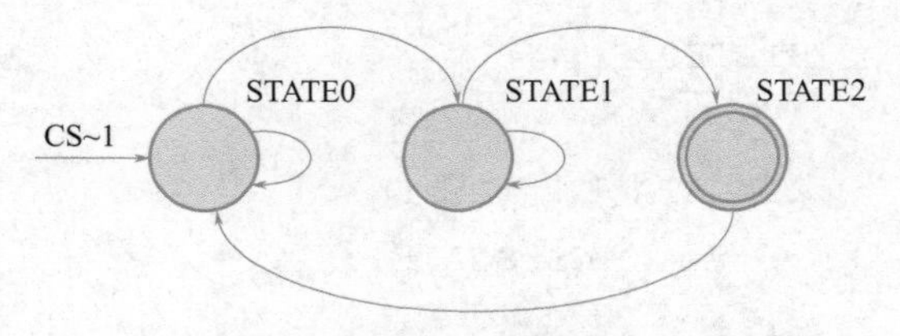

图7-4　101序列检测器（米勒型）状态机图

［例2］

```
module MEALY
(
    CLK,
    RST_B,
```

```
    DATA_IN,
    OUT
);
input        CLK; //系统时钟
input        RST_B; //系统复位
input        DATA_IN; //串行输入的数据
output       OUT; //标记是否检测到110序列，检测到为1，否则为0

wire         CLK;
wire         RST_B;
wire         DATA_IN;
wire         OUT;

reg    [1:0]    CS;
reg    [1:0]    NS;
parameter STATE0=2'b00;
parameter STATE1=2'b01;
parameter STATE2=2'b11; //定义状态，采用格雷编码方式
always @ (posedge CLK or negedge RST_B)
    begin
      if(!RST_B)
          CS<=STATE0;
      else
      CS<=NS;
    end

always@(*)//状态转移控制
begin
case(CS)
           STATE0:

                  if(DATA_IN==1'b1)
                      NS=STATE1;
                  else
                      NS=STATE0;

           STATE1:

                  if(DATA_IN==1'b0)
```

```
                    NS=STATE2;
                else if(DATA_IN==1'b1)
                    NS=STATE1;
                else
                    NS=STATE0;

            STATE2:
                    NS=STATE0;

                default:
                    NS=STATE0;
        endcase

        end

        assign  OUT=((CS==STATE2)&&(DATA_IN==1'b1))?1'h1:1'h0;

    endmodule
```

7.1.2 状态机的特点

状态机的描述方法更接近上层，和软件类似，更加接近人的思维模式。代码写起来也很方便，在文档上把状态转移图画出来，将现态、次态的跳转条件写全。代码一般是一个状态机次态（fsm_sta_nxt）、一个状态机的现态 (fsm_sta_cur) 加上一个计数器 (fsm_cnt)，然后加上各种输入，两段式、三段式写法都可以。状态机的缺点就是性能比较低，一般一个状态做一个事情，在追求高性能的场景下一般不用，高性能场景一般使用流水线设计。笔者认为能用状态机写出来的电路都是简单的电路，真正难的是流水线设计。

7.2 状态机的设计方法

7.2.1 状态机的设计流程

有限状态机设计的一般步骤：

① 逻辑抽象，得出状态转移图：就是把给出的一个实际逻辑关系表示为时序逻辑函数，可以用状态转移表来描述，也可以用状态转移图来描述。需要：

- 分析给定的逻辑问题，确定输入变量、输出变量以及电路的状态数。通常是取原因（或条件）作为输入变量，取结果作为输出变量。
- 定义输入、输出逻辑状态的含义，并将电路状态顺序编号。
- 按照要求列出电路的状态转移表或画出状态转移图。

按照本步骤，就把给定的逻辑问题抽象为一个时序逻辑函数。

② 状态化简：如果在状态转移图中出现这样两个状态，它们在相同的输入下转移到同一状态去，并得到一样的输出，则称它们为等价状态。显然等价状态是重复的，可以合并为一个。电路的状态数越少，存储电路也就越简单。状态化简的目的就在于将等价状态尽可能地合并，以得到最简的状态转移图。

③ 状态分配：状态分配又称状态编码。通常有很多种编码方法，编码方案选择得当，设计的电路可以简单，反之，选得不好，则设计的电路就会复杂许多。实际设计时，需综合考虑电路复杂度与电路性能之间的折中，在触发器资源丰富的FPGA或ASIC设计中采用独热编码（One-Hot-Coding）既可以使电路性能得到保证，又可充分利用其触发器数量多的优势。

④ 选定触发器的类型并求出状态方程、驱动方程和输出方程。

⑤ 按照方程得出逻辑图。

⑥ 仿真验证：利用相关EDA工具进行状态机的仿真验证。

用Verilog HDL来描述有限状态机，可以充分发挥硬件描述语言的抽象建模能力，使用always过程赋值语句和case、if等条件语句即可方便实现。具体的逻辑化简及逻辑电路到触发器映射均可由计算机自动完成，上述设计步骤中的第②步及第④、⑤步不再需要很多的人为干预，使电路设计工作得到简化，效率也有很大提高。

7.2.2 状态机设计要点

（1）清楚摩尔型状态机和米勒型状态机的区别

摩尔型状态机的特点是输出值与当前状态有关，与当前输入无关。摩尔型状态机的输出信号是边沿触发有效的（上升沿或下降沿），并在一个周期内保持这个稳定值，当前输入对输出的影响要到下一个时钟周期才能体现出来。

米勒型状态机的特点是输出值不仅与当前状态有关，还与当前输入有关。输入值的变化能发生在周期的任何时刻，并且即时反映在输出上，因此米勒型状态机输出对输入的响应要比摩尔型状态机早一个时钟周期。在实现相同功能的情况下，米勒型状态机所需要的状态数要比摩尔型状态机少。

（2）状态机的编码规则

状态编码（状态变量的编码）主要有顺序编码、格雷编码和独热编码等编码方式。

顺序编码：顺序编码又称为二进制编码(Binary State Machine Encoding)，就是用二进制数来表示所有状态。这种编码方式比较简单，并且使用的触发器数量较少，剩余的非法状态也最少，容错技术最简单。例如，状态机需要6个状态，其顺序编码每个状态所对应的码字为000、001、010、011、100、101，这个状态机只需要3个触发器，剩余的非法状态只有2

个。这种编码方式的缺点是在从一个状态转移到相邻状态时，有可能有多个位同时发生变化，容易产生毛刺，引起逻辑错误。

格雷编码：格雷编码 (Gray State Machine Encoding) 能够很好地解决顺序编码产生毛刺的问题。对于 6 个状态，如果采用格雷编码方式，码字为 000、001、011、010、110、111，需要 3 个触发器就可以实现。在状态转移过程中，每次只有一个位发生变化，既减少了瞬变的次数，也减少了产生毛刺的可能，并且格雷编码可以节省逻辑单元。

独热编码：独热编码 (One-Hot State Machine Encoding) 方式就是用 n 个触发器来实现具有 n 个状态的状态机，状态机中的每一个状态都由一个触发器的状态表示。对于 6 个状态，可用码字 000001、000010、000100、001000、010000、100000 表示，需要 6 个触发器。表 7-1 和表 7-2 是三种不同编码方式的对比。

表 7-1　3 种编码方式对 8 个状态进行编码的对比

状态	独热编码	顺序编码	格雷编码
STATE0	00000001	000	000
STATE1	00000010	001	001
STATE2	00000100	010	011
STATE3	00001000	011	010
STATE4	00010000	100	110
STATE5	00100000	101	111
STATE6	01000000	110	101
STATE7	10000000	111	100

表 7-2　三种编码方式比较

编码方式	优点	缺点
顺序编码	编码简单，使用触发器较少	状态转移时存在毛刺，不稳定，速度较慢
格雷编码	使用触发器较少，防止毛刺的产生	速度较慢
独热编码	速度较快，简化组合逻辑电路	使用触发器较多

（3）状态定义方式

在 Verilog HDL 中，有两种定义状态编码的方式，它们分别用 parameter（参数）和 `define（编译向导语句）实现。

• 参数定义方式：

```
parameter STATE0=3'b000;
parameter STATE1=3'b001;
parameter STATE2=3'b011;
parameter STATE3=3'b010;
parameter STATE4=3'b110;
parameter STATE5=3'b111;
```

• 编译向导语句定义方式：

```
`define STATE0 3'b000  //定义，结尾不加分号“；”
```

```
`define STATE1 3'b001
`define STATE2 3'b011
`define STATE3 3'b010
`define STATE4 3'b110
`define STATE5 3'b111
```

注意

上述两种定义方式的功能是相同的，但是用法略微有所不同，需要注意它们之间的差别。一般建议采用参数定义方式。

7.2.3　状态机的描述方法

状态机一般分为一段式、两段式和三段式三种写法，这三种写法所对应生成的电路各有优劣。其中，一段式是所有的逻辑都在一个always块中实现。这种写法代码逻辑不清楚，不利于维护，并且不利于综合和布局布线优化，如果要设计的状态很复杂，那么这种写法就很容易出错，所以一般不推荐使用。两段式写法是将时序逻辑和组合逻辑分开来写，时序逻辑主要是进行状态转移管理，组合逻辑是实现输入、输出等的条件判断。这种写法相对于一段式写法来说容易维护，易于综合和布局布线优化，但是它也存在较易出现毛刺等问题。而三段式写法是一种推荐的写法。它既容易维护，又解决了两段式写法容易出现毛刺的问题，虽然书写起来有点烦琐，但是毕竟是硬件描述语言，不强调代码的简洁性，但是三段式写法相对于其他两种写法消耗的资源稍微较多。所以三种写法各有优劣，但是一般情况下推荐两段式和三段式，对资源要求不高的推荐使用三段式。下面举例分别介绍三种描述方法，用以分析它们之间的区别和优劣。

[例3]、[例4]、[例5]描述设计的是相同功能的状态机，状态转移图如图7-5所示。

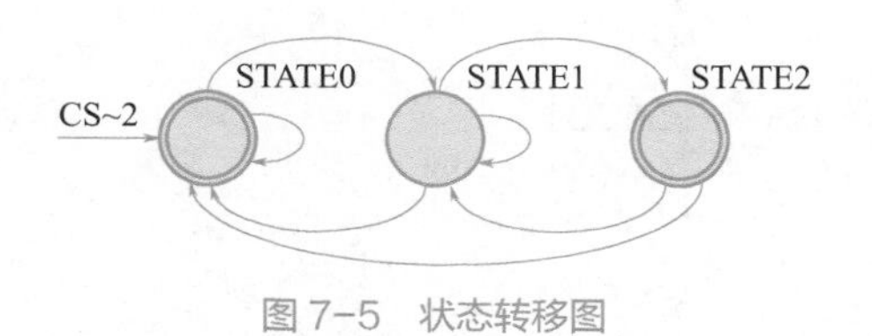

图7-5　状态转移图

（1）一段式写法

[例3]

```
module MY_STATE
(
SYSCLK,
RST_B,
IN_DATA,
OUT
);
```

```
input          SYSCLK;
input          RST_B;
input  [1:0]   IN_DATA;
output[1:0]    OUT;
wire           SYSCLK;
wire           RST_B;
wire   [1:0]   IN_DATA;
reg    [1:0]       OUT;


reg    [2:0] CS;

parameter  STATE0 = 3'h1;
parameter  STATE1 = 3'h2;
parameter  STATE2 = 3'h3;
always @ (posedge SYSCLK or negedge RST_B)
begin
if(!RST_B)
CS<=STATE0;
Else
begin
case(CS)
      STATE0:
         if (IN_DATA==2'h1)
         begin
                 CS<=STATE1;
                 OUT<=2'h0;
        end
        else
        begin
CS<=CS;
OUT<=2'h0;
        end
      STATE1:
        if(IN_DATA==2'h2)
        begin
                 CS<=STATE2;
                 OUT<=2'h1;
```

```
            end
            else
            begin
                    CS<=STATE0;
                    OUT<=2'h0;
            end
        STATE2:
            if(IN_DATA==2'h2)
            begin
                    CS<=STATE1;
                    OUT<=2'h2;
            end
            else
            begin
                    CS<=STATE0;
                    OUT<=2'h0;
            end

    default:
    begin
                    CS<=STATE0;
                    OUT<=2'h0;
    end
    endcase
    end
    end
    endmodule
```

接下来我们看一下一段式状态机的 RTL Viewer 和 Technology Map Viewer，分别如图 7-6、图 7-7 所示。所谓 RTL Viewer 即是行为级视图，显示的是代码的行为，而 Technology Map Viewer 即是布局布线后的视图，它是代码具体映射的电路。

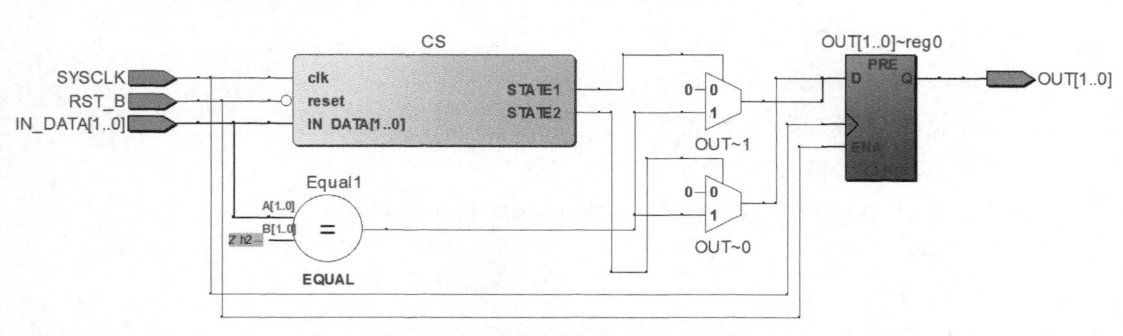

图 7-6　一段式状态机的 RTL Viewer

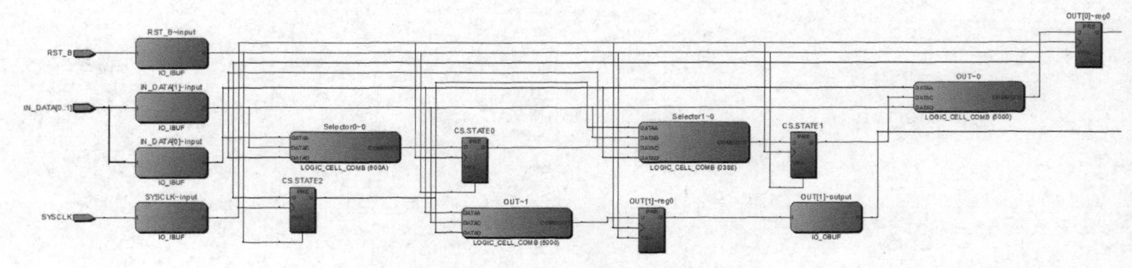

图 7-7　一段式状态机的 Technology Map Viewer

（2）两段式写法

［例 4］

```
module MY_STATE
 (
SYSCLK,
 RST_B,
 IN_DATA,
 OUT
 );
 input          SYSCLK;
 input          RST_B;
 input   [1:0]  IN_DATA;
 output  [1:0]  OUT;
 wire           SYSCLK;
 wire           RST_B;
 wire    [1:0]  IN_DATA;
 reg     [1:0]     OUT;


 reg   [2:0]  CS;
 reg   [2:0]  NS;

 parameter  STATE0 = 3'h1;
 parameter  STATE1 = 3'h2;
 parameter  STATE2 = 3'h3;

 always @ (posedge SYSCLK or negedge RST_B)
 begin
 if(!RST_B)
CS<=STATE0;
```

```
else
CS<=NS;
end

always @ (*)
begin
case(CS)
     STATE0:
                 if (IN_DATA==2'h1)
                 begin
                      NS=STATE1;
                        OUT=2'h0;
end
else
begin
NS=CS;
OUT=2'h0;
end
     STATE1:
                 if(IN_DATA==2'h2)
                 begin
                      NS=STATE2;
                        OUT=2'h2;
end
                 else
                 begin
                      NS=STATE0;
                        OUT=2'h0;
                 end
     STATE2:
                 if(IN_DATA==2'h2)
                 begin
                      NS=STATE1;
                        OUT=2'h3;
end
                 else
                 begin
                      NS=STATE0;
```

```
                    OUT=2'h0;
                end


    default:
    begin
                  NS=STATE0;
                    OUT=2'h0;

    end
    endcase
    end
    endmodule
```

两段式状态机的 RTL Viewer 和 Technology Map Viewer 分别如图 7-8、图 7-9 所示。

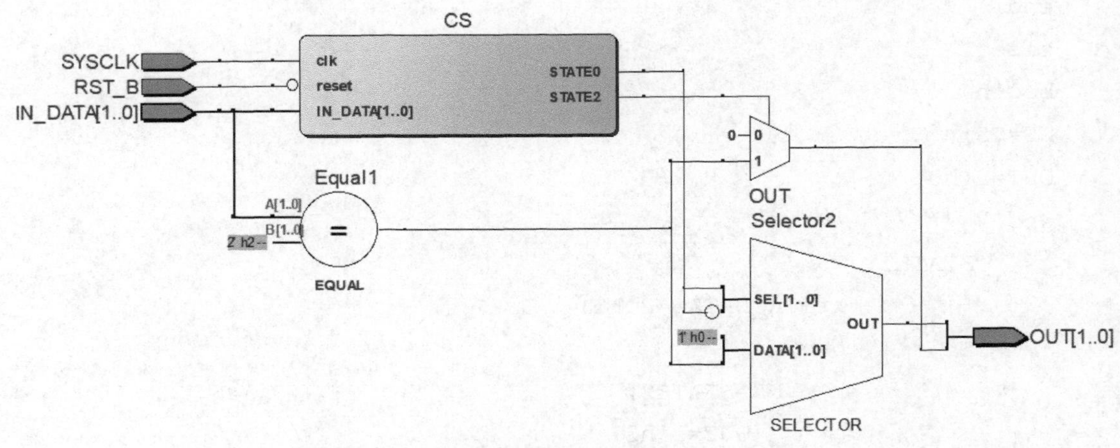

图 7-8　两段式状态机的 RTL Viewer

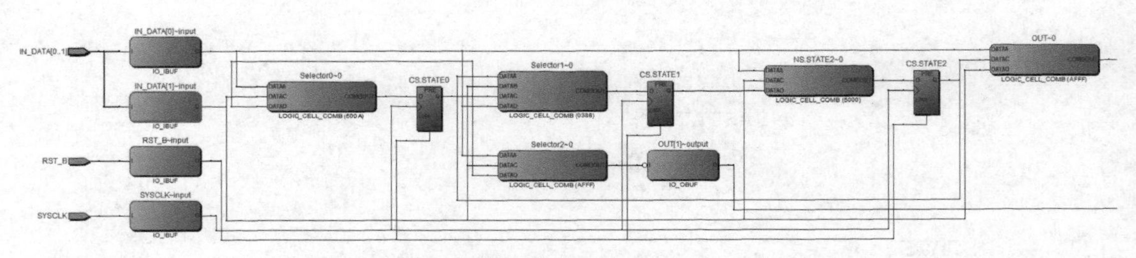

图 7-9　两段式状态机的 Technology Map Viewer

（3）三段式写法

［例 5］

```
module D_FF1
   (
SYSCLK,
   RST_B,
```

```
    IN_DATA,
    OUT
    );
    input          SYSCLK;
    input          RST_B;
    input [1:0]    IN_DATA;
    output[1:0]    OUT;
    wire           SYSCLK;
    wire           RST_B;
    wire   [1:0]   N_DATA;
    reg    [1:0]       OUT;

    reg   [2:0] CS;
    reg   [2:0] NS;

    parameter  STATE0 = 3'h1;
    parameter  STATE1 = 3'h2;
    parameter  STATE2 = 3'h3;

    always @ (posedge SYSCLK or negedge RST_B)
    begin
    if(!RST_B)
CS<=STATE0;
    else
    CS<=NS;
    end


    always @ (*)
    begin
    case(CS)
      STATE0:
                 if (IN_DATA==2'h1)
                 begin
                     NS=STATE1;

    end
    else
```

```
begin
NS=CS;

end
    STATE1:
                if(IN_DATA==2'h2)
                begin
                    NS=STATE2;

end
                else
                begin
                    NS=STATE0;

                end
    STATE2:
                if(IN_DATA==2'h2)
                begin
                    NS=STATE1;

end
                else
                begin
                    NS=STATE0;

                end

default:
begin
                    NS=STATE0;

end
endcase
end

always @ (posedge SYSCLK or negedge RST_B)
begin
if(!RST_B)
```

```
OUT<=2'h0;

else
begin
case(NS)
 STATE0:
                    OUT<=2'h0;
 STATE1:
                    OUT<=2'h1;
 STATE2:
                    OUT<=2'h2;
    default:
                    OUT<=2'h0;

endcase
end
end
endmodule
```

三段式状态机的 RTL Viewer 和 Technology Map Viewer 分别如图 7-10、图 7-11 所示。

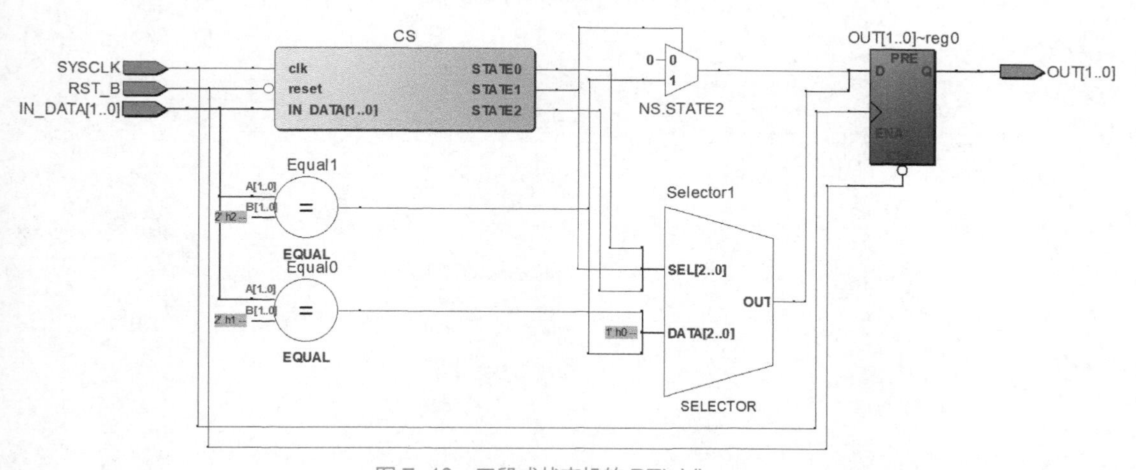

图 7-10 三段式状态机的 RTL Viewer

经过［例 3］～［例 5］我们可以很好地了解状态机的三种不同的描述方法。一段式写法是将所用逻辑都放在一个 always 块中，既控制状态转移又控制输入输出，这种写法在简单的设计中还可以使用，但是如果设计的状态机复杂那么可读性和可维护性差。两段式写法将时序逻辑和组合逻辑分开描述，弥补了一段式写法的缺陷，但是由于输出信号是组合逻辑电路，所以存在毛刺现象。而三段式写法在两段式写法的基础上对输出信号进行同步采集和缓存后再输出，很好地避免了组合逻辑的毛刺现象。下面对三种写法的优劣进行对比，见表 7-3。

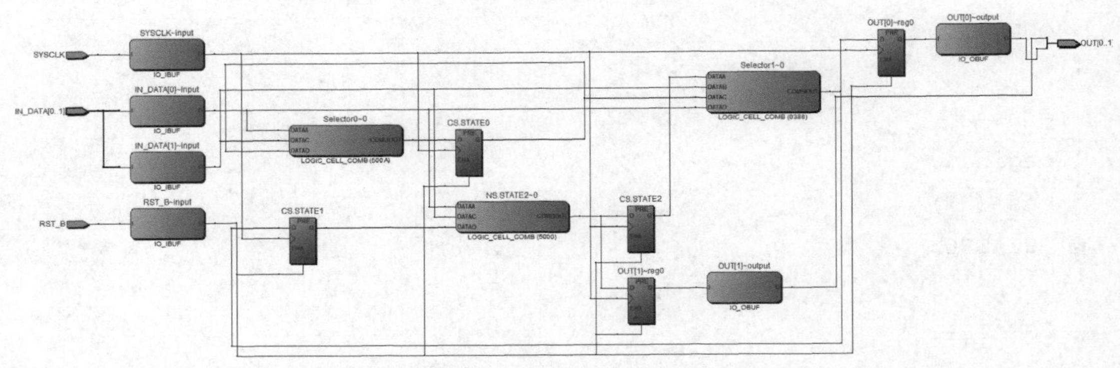

图 7-11　三段式状态机的 Technology Map Viewer

表 7-3　三种写法的优劣对比

描述方法	优点	缺点
一段式写法	1 个 always 块	代码冗长、可读性差、可维护性和可靠性差、不利于综合优化，不推荐使用
两段式写法	代码最简洁规范、可维护性和可靠性强、利于综合优化，推荐使用	容易出现组合逻辑毛刺
三段式写法	代码较简洁规范、可维护性和可靠性最强、利于综合优化，最优推荐	消耗的资源稍多

第三篇

仿真与测试

FPGA

第8章 仿真

8.1 仿真概述

仿真（Simulation），即模拟，是对设计的一种检测和验证，是项目开发中很重要的一个环节。用户可以在设计的过程中对整个系统和各个模块进行仿真，即在计算机上用软件验证功能是否正确、各部分的时序配合是否准确。如果有问题，可以随时进行修改，从而避免了逻辑错误。高级的仿真软件还可以对整个系统设计的性能进行估计。规模越大的设计越需要进行仿真，而且仿真在开发流程中占用很大部分的工作量。Verilog HDL 最起初是一门仿真语言，由于 Verilog 综合器的出现，才使它具有了硬件设计和综合的能力。Verilog HDL 不仅具有设计描述的能力，而且可以为设计提供激励仿真条件。

相对应地，要验证从设计规格到 RTL 代码的过程，就需要进行功能验证。功能验证一般是指验证 RTL 代码是否符合原始的设计需求和规格，这也是本章讨论的重点。

仿真的一般性含义是使用 EDA 工具，通过对实际情况的模拟，验证设计的正确性。由此可见，仿真的重点在于使用 EDA 软件工具模拟设计的实际工作情况。在 FPGA/CPLD 设计领域，最常用的仿真工具是 ModelSim。

仿真一般包括功能仿真和时序仿真。功能仿真也称作前仿真，只是验证设计的逻辑功能是否正确，它不考虑门延时和线延时。与之对应的是时序仿真，即它将设计布局布线后的门延时和线延时关联到仿真中，这时的仿真与实际电路的工作状态最相近，所以时序仿真是最接近实际电路工作情况的仿真。功能仿真最常用的是对 RTL 级别代码的仿真，给设计增加一定的激励条件，观察设计的输出结果，以此验证设计是否达到预期的目的。在进行仿真的时候尽可能地将所有的分支和情况考虑到并进行验证，即仿真验证覆盖率，仿真验证覆盖率要尽可能高。

在传统的 ASIC 设计领域，验证是最费时耗力的一个环节，而对于 FPGA/CPLD 等可编程逻辑器件来说，验证的问题就相对简单一些，可以使用如 ModelSim 或 Active-HDL 等 HDL 仿真工具对设计进行功能上的仿真，也可以将一些仿真硬件与仿真工具相结合，通过软硬件联合仿真，加快仿真速度。我们还可以在硬件上使用逻辑分析仪、示波器等仪器直接观察设计的工作情况。本书将重点讲解用 Verilog HDL 语言仿真的方法。

8.2 仿真中的延时描述

在介绍如何书写 Testbench 之前，我们首先讲一下在仿真中用到的延时模型。延时主要分为门延时、线延时，门延时是指从门级输入信号开始到门级输出时间的延时，线延时是指信号通过一段导线的延时。在仿真中可以很方便地实现延时，通过人为定义延时来模拟真实电路的延时模型和通过延时产生需要的激励条件，延时不支持综合，只在仿真中应用。

8.2.1 延时的表示方法

延时的表示是以“＃”号开始，延时的使用格式有以下三种：

- #　t；
- #（t1, t2）;
- #（t1, t2, t3）。

t 表示延迟时间为 t；#（t1, t2）中 t1 表示上升延迟，t2 表示下降延迟；#（t1, t2, t3）中 t1、t2 分别表示上升延迟和下降延迟，t3 表示转换到高阻态的延迟。这些延迟的具体时间单位由 `timescale 确定，延时缺省时为 0。

举例如下：

```
not    #10          G1(OUT, IN);        //延迟时间为10的非门
and    #(5, 10)     G2(OUT, A, B);      //上升延迟为5，下降延迟为10的与门
bufif1#(2, 3, 4)    G3(OUT, IN, EN);    //三态门的上升延迟为2，下降延迟为3，
                                        //转换到高阻态的延迟为4
```

8.2.2 路径延迟声明 specify

Verilog HDL 中提供对不同的路径延迟进行定义，路径延迟声明需以关键字 specify 开始，以 endspecify 结束。举例如下：

［例 1］

```
module  DELAY
(
A,
B,
C,
```

```
OUT
);
input A;
input B;
input C;
output OUT;
wire A;
wire B;
wire C;
wire OUT;
wire N1;

and     G1(N1, A, B);
or      G2(OUT, N1, C);
specify
      (A=>OUT)=2; //定义A到输出端OUT的延迟为2
      (B=>OUT)=2; //定义B到输出端OUT的延迟为2
      (C=>OUT)=1; //定义C到输出端OUT的延迟为1
endspecify
```

8.3 Testbench 设计与使用要点

仿真离不开 Testbench（测试平台）。通俗来讲，在仿真时应用 Testbench 给设计提供测试激励条件，同时验证设计的输出是否与预期的一致，达到验证设计功能的目的，如图 8-1 所示。

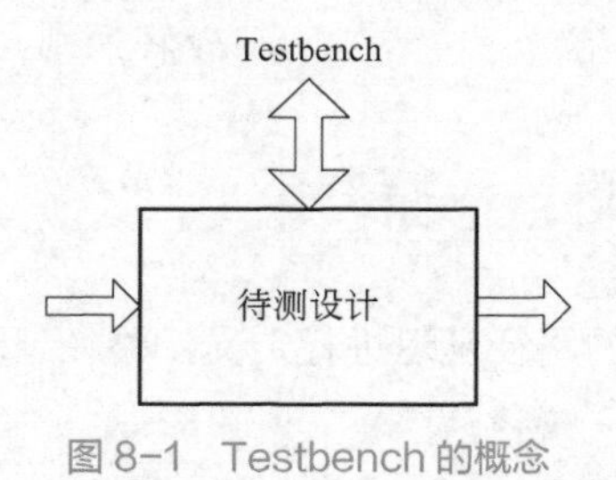

图 8-1　Testbench 的概念

Testbench 概念的提出为我们提供了一个很好的验证芯片的平台。

仿真测试是 FPGA 设计中重要的一个环节。初学者在首次接触仿真概念的时候，会误认为仿真只是应用 IDE 自带的波形发生器产生激励，然后简单验证一下波形输出就没问题了。对于大规模设计而言，应用波形产生激励是不可取的，工作量大到不可估量，Testbench 是一个更高效的测试手段。

Testbench 的主要功能：

- 为待测设计提供激励信号；
- Testbench 例化待测设计将激励信号送给待测模块；
- 将仿真输出的数据和中间数据显示在终端或者存为文件，也可以显示在波形窗口中以供分析检查；
- 复杂设计可以使用 EDA 工具，或者通过用户接口自动比较仿真结果与理想值，实现结果的自动检查；
- 一个 Testbench 设计好以后，可以为芯片设计的各个阶段服务，比如在对 RTL 代码、综合网表和布线之后的网表进行仿真的时候，都可以采用同一个 Testbench。

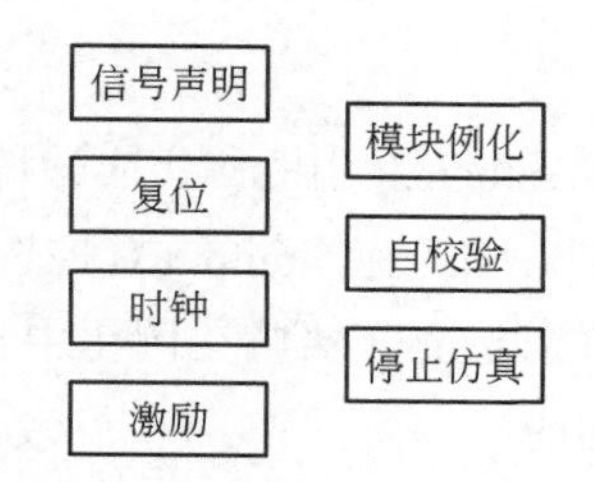

图 8-2 Testbench 细化结构图

Testbench 最基本的结构包括信号声明、激励和模块例化。根据设计的复杂度，需要引入时钟和复位部分。当然更为复杂的设计，激励部分也会更加复杂。根据自己的验证需求，选择是否需要自校验和停止仿真部分。当然，复位和时钟部分也可以看作激励，所以它们都可以在一个语句块中实现。也可以拿自校验的结果，作为停止仿真的条件。Testbench 细化结构图见图 8-2。

实际仿真时，可以根据自己的个人习惯来编写 Testbench。

8.3.1 Testbench 书写方法

Testbench 的编写基本按照如下三个步骤：

① 对被测设计的顶层接口进行例化；

② 被测设计的输入接口增加激励；

③ 判断被测设计的输出响应是否满足要求。

基本来讲，最后一步复杂些。在有的情况下不一定只是简单地观察输出结果，可能还需要一些输入值给待测设计，比如模拟一个 SRAM/SDRAM 的读 / 写时序时，会遇到这些问题。

例化的目的是把待测设计和 Testbench 进行对接，与 FPGA 内部的例化是一个概念，举例如下：

```
// 待测设计
module test_fpga(
    clk,rst_n,I,j,k,l
```

```
);
input clk;
input rst_n;
input I,j,k;
output l;

always @(posedge clk or negedge rst_n) begin
    if (!rst_n)
    else  …
end

endmoudle
```

对于上面实例中的待测设计，Testbench 中的例化应该把 input 转换成 reg 类型，因为待测设计的输入值是由 Testbench 提供的。相应地，output 就应该转换成 wire 类型，因为待测设计的输出值不是由 Testbench 决定。如果 input 端口在例化中也是一个 wire 类型，在 Testbench 中和 RTL 代码设计中使用就是相同的。

```
// 优化待测设计
reg clk;
reg rst_n;
reg I,j,k;
wire d;

test_fpga(
     .clk(clk),
     .rst_n(rst_n),
.i(i),
.j(j),
.k(k),
.d(d)
);
```

对于激励的产生，只提最基本的时钟信号和复位信号的产生。时钟信号的产生方式有很多，使用 initial 和 always 语句都是可以的。下面列出比较经典的两种方式仅供参考。

方法 1：

```
// 时钟产生
parameter PERIOD = 20; // 定义时钟周期为20ns
initial begin
    clk = 0;
forever
```

```
    #(PERIOD/2) clk =~clk;
end
```

方法2:

```
parameter PERIOD = 20; // 定义时钟周期为20ns

always begin
#(PERIOD/2) clk = 0;
#(PERIOD/2) clk = 1;
end
```

复位信号的产生也比较容易，常用的做法是封装成一个 task, 直接在需要复位的时候调用即可。

```
//复位产生
initial begin
  reset_task(100);     // 复位100ns
…
end

task reset_task;
input[15:0] reset_time;   // 复位时间
begin
    reset = 0;
    #reset_time;
    reset = 1;
end
```

8.3.2 时钟、复位的写法

要充分验证一个设计，需要模拟各种可能的情况，特别是一些临界情况更需要进行仿真，因为往往是这些临界情况最容易出问题。下面我们将举例介绍 Testbench 中一些常用的语法，以便让初学者尽快地了解、掌握 Testbench 的书写。

（1）普通时钟信号

用 initial 语句产生时钟的方法如下：

// 产生一个周期为 10 的时钟

[例2]

```
parameter CYCLE=5;
reg CLK;
initial
```

```
begin
CLK=0;
   forever
       # CYCLE  CLK=～CLK;
end
```

用 always 语句产生时钟的方法如下：

// 用 always 语句产生一个周期为 10 的时钟

[例3]

```
parameter  CYCLE =5;
reg CLK;
    initial
    begin
    CLK=0; //将Clock初始化为0
    end
    always  # CYCLE  CLK=～CLK
```

以上写法所产生的波形如图 8-3 所示。

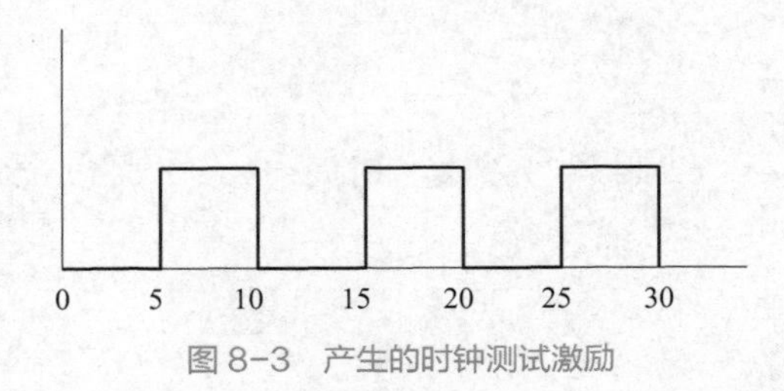

图 8-3　产生的时钟测试激励

(2)非 50% 占空比时钟信号

[例4]

```
parameter  HIGH_CYCLE=2,
        LOW_CYCLE=6;
     reg CLK;
     initial
     begin
     CLK=0;
     end

     always
     begin
        # HIGH_CYCLE  CLK=1;
       # LOW _CYCLE   CLK=0;
     end
```

以上代码所产生的时钟波形如图 8-4 所示。

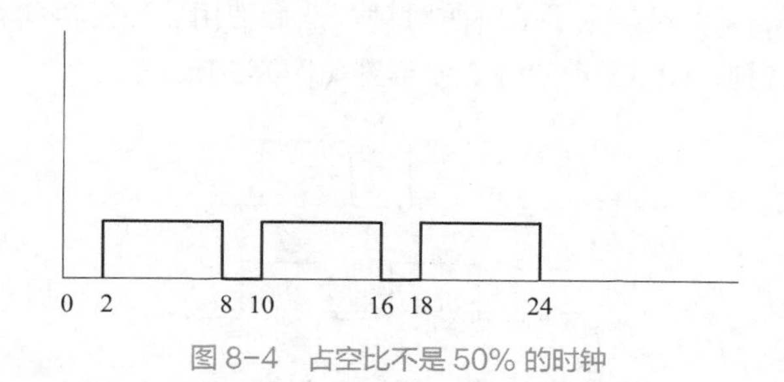

图 8-4 占空比不是 50% 的时钟

（3）固定数目时钟信号

如果需要产生固定数目的时钟脉冲，可以在 initial 语句中使用 repeat 语句来实现，代码如下：

// 两个高脉冲的时钟

［例 5］

```
reg CLK;
initial
begin
CLK =0;
  repeat(20)
       #5  CLK=~CLK;
end
```

以上代码产生了两周期的时钟。

（4）相移时钟信号

另外一种应用较广的时钟是相移，代码如下：

//相移时钟

［例 6］

```
reg    CLK1;//寄存器变量
wire   CLK2;//线网变量
initial
begin
       CLK1=0;
  CLK2=0;
end
always
begin
     #5  CLK1=1;
     #10  CLK1=0;
end
```

```
assign  # 3  CLK2=CLK1;
```

这里首先使用 always 语句产生了 CLK1 时钟，然后使用 assign 语句将该时钟延时，产生了一个相移的 CLK2 时钟，CLK1 和 CLK2 波形图如图 8-5 所示。

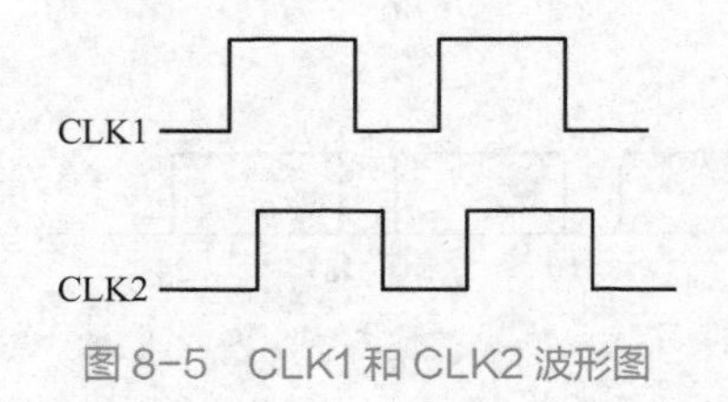

图 8-5　CLK1 和 CLK2 波形图

（5）异步复位信号的产生

复位信号不是周期信号，因此可以使用 initial 语句产生一个值序列。

// 异步复位信号

[例 7]

```
reg  RST_B;
initial
begin
RST_B=1;
#100  RST_B=0;
#50   RST_B=1;
end
```

RST_B为复位信号且低电平有效，以上代码在100时开始复位，复位持续时间为50。

（6）同步复位信号产生

同步复位信号的实现代码如下：

// 同步复位信号

[例 8]

```
reg  CLK;
reg  RST_B;
initial
begin
CLK=0;
RST_B=1;
   @(negedge Clock); //等待时钟下降沿
   RST_B=0;
   #30;
   @(negedge Clock); //等待时钟下降沿
RST_B=1;
 end
```

```
  always  #10 CLK=~CLK;
```

产生的波形如图 8-6 所示。

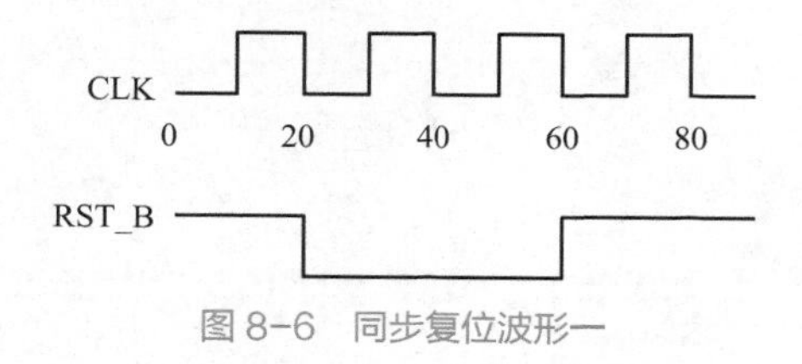

图 8-6 同步复位波形一

另一种同步复位信号的实现方法如下：

```
//同步复位信号
initial
begin
RST_B=1;
   @(posedge  CLK);                        //等待时钟上升沿
   RST_B=0;                                //复位开始
   repeat(2)  @( posedge  CLK);            //经过3个时钟上升沿
   RST_B=1;                                //复位撤销
end
```

产生的波形如图 8-7 所示。

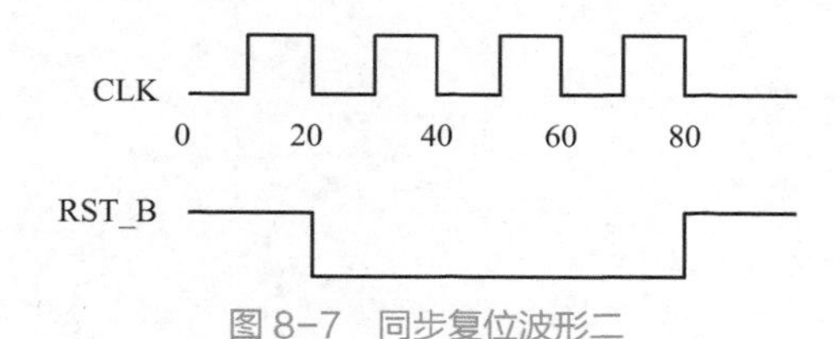

图 8-7 同步复位波形二

FPGA

第9章 测试用例设计

9.1 组合逻辑电路仿真设计

9.1.1 8-3线编码器示例

现在以在前面讲过的8-3线编码器为例，进行举例仿真。

待测设计代码如下：

[例1]

```
module ENCODE8_3
  (
DATA,
CODE
  );
  input [7:0]  DATA;
  output[2:0] CODE;

  wire [7:0]  DATA;
  reg  [2:0]  CODE;
  always @(*)
  begin
  case(DATA)
  8'b0000 0001: CODE=2b111;
  8'b0000 0010: CODE =3b110;
  8'b0000 0100: CODE =3b101;
  8'b0000 1000: CODE =3b100;
  8'b0001 0000: CODE =3b011;
```

```
8'b0010 0000: CODE =3b010;
8'b0100 0000: CODE =3b001;
8'b1000 0000: CODE =3b000;
default:      CODE =3bzzz;
endcase
end
endmodule
```

仿真程序如下：

```
module ENCODE_8_3_TB;            //注意格式，仿真程序名称为ENCODE_8_3_TB
reg[7:0] DATA;                   //给待测试模块提供输入的信号，可以定义为net
                                 //型或reg型，这里定义为reg型
wire [2:0]  CODE;                //接收待测试模块的输出信号，只能定义为net
                                 //型，这里定义为net型中的wire
                                 //关于信号类型定义的规则在本书后面章节将进行介绍
ENCODE_8_3 IN_ENCODE_8_3         // 例化待测设计，例化名为IN_ENCODE_8_3
   (
   .DATA               (DATA),
   .CODE               (CODE)
   );
always #10     DATA = DATA* 2;       //提供输入数据
initial                              //初始化，在0时刻将DATA赋值为8'h1
begin
#0 DATA = 8'h1;
end
endmodule
```

[例 1]的仿真波形如图 9-1 所示。

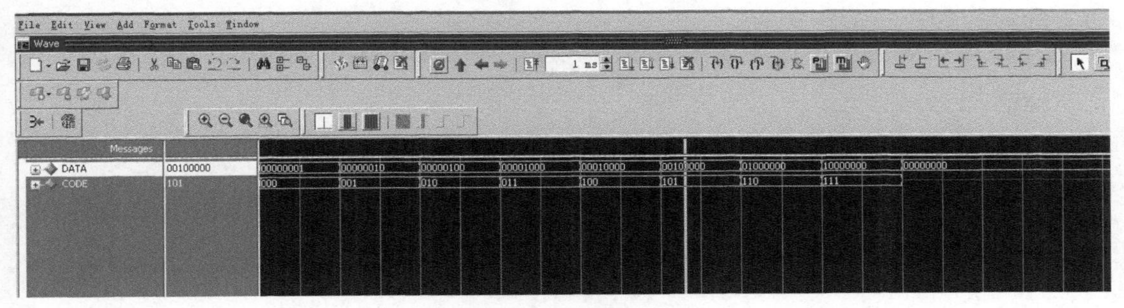

图 9-1 8-3 线编码器仿真波形

9.1.2 4 位加法器示例

待测设计代码如下：

[例2]

```
module ADD4
(
A,
B,
CIN,
SUM,
COUT
);
input [3:0] A;
input [3:0] B;
input CIN;
output[3:0]SUM;
output COUT;
wire [3:0] A;
wire [3:0] B;
wire CIN;
reg [3:0]SUM;
reg COUT;
always @ (*)
begin
   {COUT,SUM}=A+B+CIN;
End
Endmodule
```

仿真程序如下：

```
module  ADD4_TB;
reg  [3:0] A;
reg  [3:0] B;
reg  CIN;
wire  [3:0]  SUM;
wire  COUT;
ADD4  IN_ADD4
(
.A       (A),
.B       (B),
.CIN     (CIN),
.SUM     (SUM),
.COUT    (COUT)
```

```
);
initial
begin
A=4'b0;
B=4'd0;
CIN=1'b0;
#100
  A=4'h1;
  B=4'h1;
  CIN=1'h1;
#100
  A=4'hA;
  B=4'hA;
#100
  A=4'h8;
  B=4'h5;
  CIN=1'h1;
#100
  A=4'hB;
  B=4'hB;
#100
  $stop;

end

initial $monitor($time,,,"%d+%d+%d=(%d,%d)", A, B, CIN, COUT, SUM);
endmodule
```

上面的[例 2]用 ModelSim 编译仿真后的输出波形如图 9-2 所示。

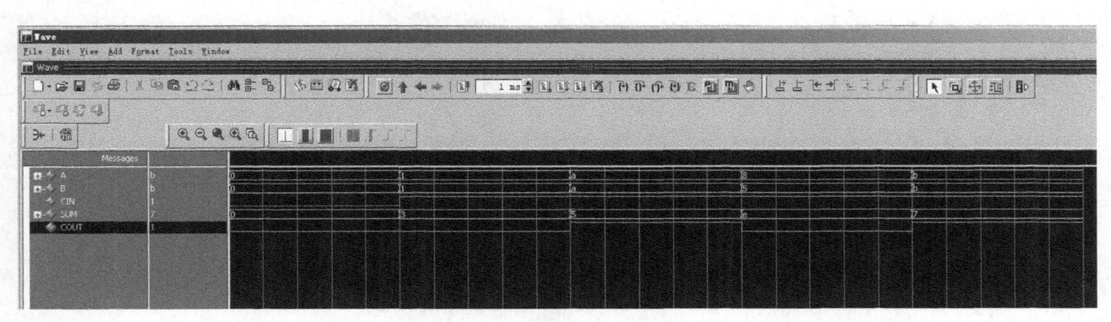

图 9-2　4 位加法器的功能仿真波形

主窗口中的文本显示如图 9-3 所示。

```
VSIM 4> run
#           0  0+ 0+0=(0, 0)
#         100  1+ 1+1=(0, 3)
#         200 10+10+1=(1, 5)
#         300  8+ 5+1=(0,14)
#         400 11+11+1=(1, 7)
```

图 9-3　主窗口中的文本显示

9.2 时序电路仿真设计

9.2.1 D 触发器示例

待测设计代码如下：

[例 3]

```
module   DFF
   (
SYSCLK,
   RST_B,
   DFF_DI,

DFF_DO
   );
input    SYSCLK;
input    RST_B;
input    DFF_DI;

output   DFF_DO;

wire   SYSCLK;
wire   RST_B;
wire   DFF_DI;

reg      DFF_DO;
always @ (posedge SYSCLK or negedge RST_B)
begin
   if(!RST_B)
      DFF_DO<= 1'h0;
   else
```

```
        DFF_DO<= DFF_DI;
end
endmodule
```

仿真程序如下：

```
module DFF_TB;
reg     SYSCLK;
reg     RST_B;
reg     DFF_DI;
reg     DFF_DO;
DFF     IN_DFF
(
  .SYSCLK    (SYSCLK),
  .RST_B        (RST_B),
  .DFF_DI   (DFF_DI),
  .DFF_DO   (DFF_DO)
);
always  #10 SYSCLK=~SYSCLK;
initial
begin
SYSCLK=0;
RST_B=0;
DFF_DI=0;
#100
RST_B=1;
end
always # DFF_DI=~DFF_DI;
```

D 触发器的仿真波形如图 9-4 所示。

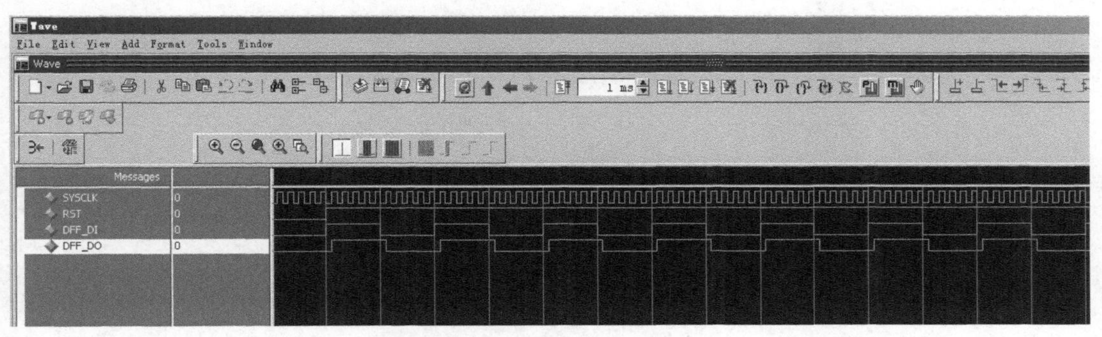

图 9-4　D 触发器的仿真波形

9.2.2 4位计数器示例

待测设计代码如下：

[例4]

```
module  CNT(CLK, RST_B, OUT);          //待测设计的4位计数器模块
input  CLK;
input  RST_B;
output [3:0] OUT;
wire   CLK;
wire   RST_B;
reg [3:0] OUT;
always @(posedge CLK or negedge RST_B )
begin
if(!RST_B)
  OUT<=4'h0;
else
OUT <= OUT +4'h1;
end
endmodule
```

仿真程序如下：

```
module CNT4_TB;
reg CLK;
reg RST_B;                             //输入激励信号定义为reg型
wire [3:0]  OUT;                       //输出信号定义为wire型
CNT IN_CNT1                            //例化测试对象
(
.CLK    (CLK),
.RST_B  (RST_B),
.OUT    (OUT)
);
always #10 CLK=~CLK;                   //产生时钟波形
initial
begin                                  //激励波形定义
       CLK=0;
       RST_B=0;
#100   RST_B=1;
#500   RST_B=0;
       $stop;
```

```
end
initial $monitor($time,,,"CLK=%d RST_B=%d OUT=%d ", CLK, RST_B, OUT);
endmodule
```

上面的[例 4]用 ModelSim 编译仿真后的波形如图 9-5 所示。

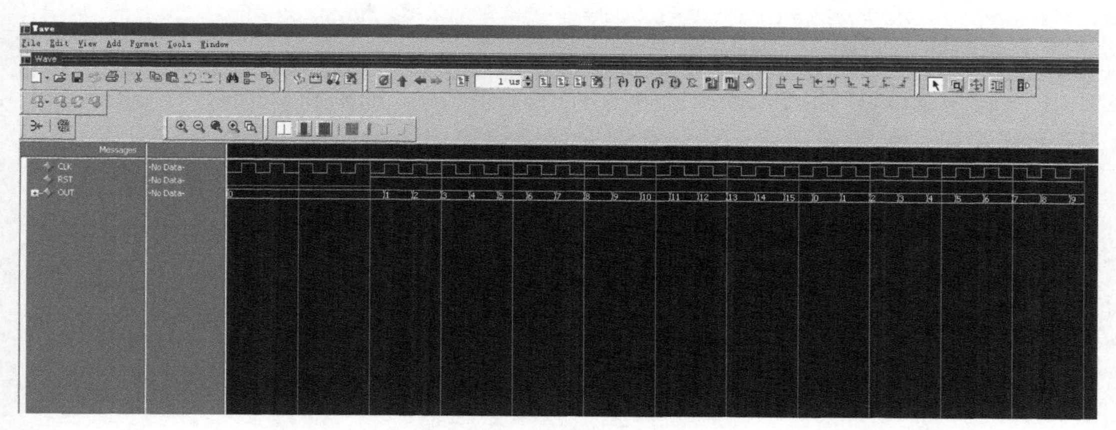

图 9-5　4 位计数器的仿真波形

主窗口中的文本显示如下所示：

```
#          0 CLK=0 RST_B=0 OUT= 0
#         10 CLK=1 RST_B=0 OUT= 0
#         20 CLK=0 RST_B=0 OUT= 0
#         30 CLK=1 RST_B=0 OUT= 0
#         40 CLK=0 RST_B=0 OUT= 0
#         50 CLK=1 RST_B=0 OUT= 0
#         60 CLK=0 RST_B=0 OUT= 0
#         70 CLK=1 RST_B=0 OUT= 0
#         80 CLK=0 RST_B=0 OUT= 0
#         90 CLK=1 RST_B=0 OUT= 0
#        100 CLK=0 RST_B=1 OUT= 0
#        110 CLK=1 RST_B=1 OUT= 1
#        120 CLK=0 RST_B=1 OUT= 1
#        130 CLK=1 RST_B=1 OUT= 2
#        140 CLK=0 RST_B=1 OUT= 2
#        150 CLK=1 RST_B=1 OUT= 3
#        160 CLK=0 RST_B=1 OUT= 3
#        170 CLK=1 RST_B=1 OUT= 4
#        180 CLK=0 RST_B=1 OUT= 4
#        190 CLK=1 RST_B=1 OUT= 5
#        200 CLK=0 RST_B=1 OUT= 5
```

```
#        210 CLK=1 RST_B=1 OUT= 6
#        220 CLK=0 RST_B=1 OUT= 6
#        230 CLK=1 RST_B=1 OUT= 7
#        240 CLK=0 RST_B=1 OUT= 7
#        250 CLK=1 RST_B=1 OUT= 8
…
```

[例 4] 中既可以利用 $monitor 监测任务，也可以利用 $fopen 和 $fdisplay 任务实现输出数据的保存。

例如：

```
module CNT4_TB;
reg CLK;
reg RST_B;                                  //输入激励信号定义为reg型
wire [3:0]  OUT;                            //输出信号定义为wire型
integer WRITE_OUT_FILE;                     //定义整数型变量
CNT IN_CNT1                                 //例化测试对象
(
.CLK    (CLK),
.RST_B  (RST_B),
.OUT    (OUT)
);
always #10 CLK=~CLK;                        //产生时钟波形
initial
begin                                       //激励波形定义
      CLK=0;
      RST_B=0;
         WRITE_OUT_FILE=$fopen("WRITE_OUT_FILe.txt"); //生成并打开
                                            //txt文本，文本名称为WRITE_OUT_FILe

#100  RST_B=1;
#500  RST_B=0;
      $stop;
end
always@(posedge CLK)
begin
$fdisplay(WRITE_OUT_FILE, "CLK=%d   RST_B=%d   OUT=%d", CLK, RST_
B, OUT); //在每个时钟上升沿将数据存到WRITE_OUT_FILE文本中
end
endmodule
```

经过上面仿真后，在ModelSim的目录下将会生成一个名为WRITE_OUT_FILe.txt的文件，输出的数据将保存在如图9-6所示的文件中。

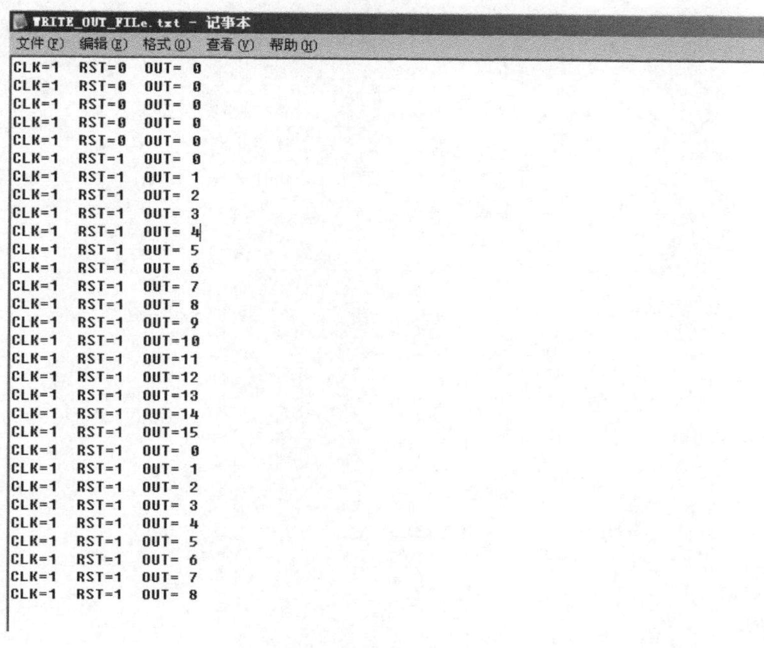
WRITE_OUT_FILe.txt - 记事本

文件(F) 编辑(E) 格式(O) 查看(V) 帮助(H)

```
CLK=1  RST=0  OUT= 0
CLK=1  RST=0  OUT= 0
CLK=1  RST=0  OUT= 0
CLK=1  RST=0  OUT= 0
CLK=1  RST=0  OUT= 0
CLK=1  RST=1  OUT= 0
CLK=1  RST=1  OUT= 1
CLK=1  RST=1  OUT= 2
CLK=1  RST=1  OUT= 3
CLK=1  RST=1  OUT= 4
CLK=1  RST=1  OUT= 5
CLK=1  RST=1  OUT= 6
CLK=1  RST=1  OUT= 7
CLK=1  RST=1  OUT= 8
CLK=1  RST=1  OUT= 9
CLK=1  RST=1  OUT=10
CLK=1  RST=1  OUT=11
CLK=1  RST=1  OUT=12
CLK=1  RST=1  OUT=13
CLK=1  RST=1  OUT=14
CLK=1  RST=1  OUT=15
CLK=1  RST=1  OUT= 0
CLK=1  RST=1  OUT= 1
CLK=1  RST=1  OUT= 2
CLK=1  RST=1  OUT= 3
CLK=1  RST=1  OUT= 4
CLK=1  RST=1  OUT= 5
CLK=1  RST=1  OUT= 6
CLK=1  RST=1  OUT= 7
CLK=1  RST=1  OUT= 8
```

图9-6 输出数据文本

第四篇

设计实例

FPGA

第10章 Verilog设计实例

10.1 Verilog基础设计实例

10.1.1 简单组合逻辑电路设计

目的：掌握基本组合逻辑电路的实现方法。
利用assign描述的比较器。

10.1.1.1 比较器电路

设计代码如[例1]。

[例1]

```
module COMPARE
(
OUT,
A,
B
);
input A;
input B;
output OUT;
wire A;
wire B;
wire OUTL
assign OUT=(A==B)?1:0          //A等于B时，OUT输出为1；A不等于B时，
                               //OUT输出为0
endmodule
```

10.1.1.2 移位加三算法

设计步骤如下：

① 将二进制数左移一位（未满 4 位在前面填 0）；

② 如果移动了 8 位，那么二进制数就在百位、十位和个位列，计算结束；

③ 在任何一个 BCD 码列中，如果任何一个二进制数大于或者等于 5，就把这个数加上 3；

④ 回到步骤①。

表 10-1 展示了十六进制数 Ox3F 转化 BCD 码的流程。

表 10-1 Ox3F 转化 BCD 码的流程

操作	百位	十位	个位	二进制数	
十六进制数				3	F
开始				11	1111
左移 1				111	111?
左移 2				1111	11??
左移 3			1	1111	1???
左移 4			11	1111	????
左移 5			111	111?	
加 3			1010	111?	
左移 6		1	0101	11??	
加 3		1	1000	11??	
左移 7		11	0001	1???	
左移 8		110	0011		
结果		6	3		

设计代码如下：

```
module bin2bcd8
(
  input wire [7:0] binary,
  output wire [3:0] b,
  output wire [3:0] c,
  output wire [3:0] d
);
  /*
    z 作为存储 BCD 码和二进制码的寄存器，如果输入为 8 位，那么 z 需要的长度为
0xFF = 255 ---> 10-0101-0101 +++ ????-????
```

```
总共18位
*/
reg [17:0] z;
always @ (*)
begin
   z = 18'b0;                       //置0
   z[7:0] = binary;                 //读入低8位
   repeat (8)                       //重复8次
   begin
      if(z[11:8 ]>4)                //大于4就加3
        z[11:8 ] = z[11:8 ] + 2'b11;
      if(z[15:12]>4)
        z[15:12] = z[15:12] + 2'b11;
      z[17:1] = z[16:0];            //左移一位
   end
 end
 assign b = z[17:16];               //输出BCD码
assign c = z[15:12];
 assign d = z[11:8];

endmodule
```

部分仿真结果如图10-1所示。

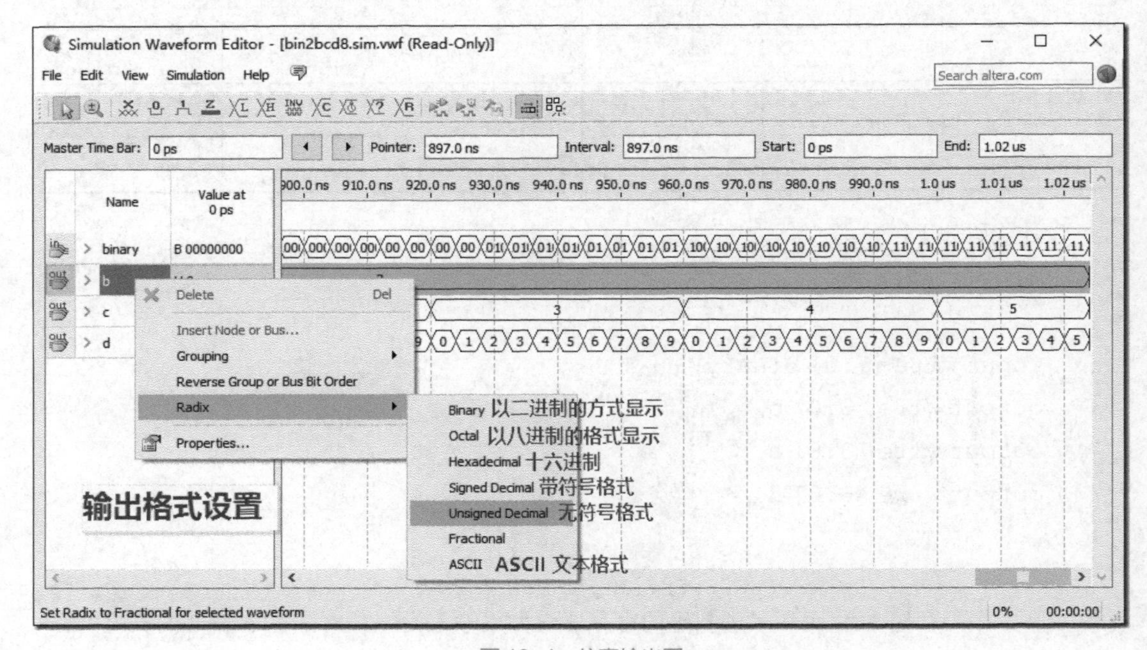

图10-1　仿真输出图

10.1.1.3　2-4译码器

2-4 译码器逻辑电路图见图 10-2。

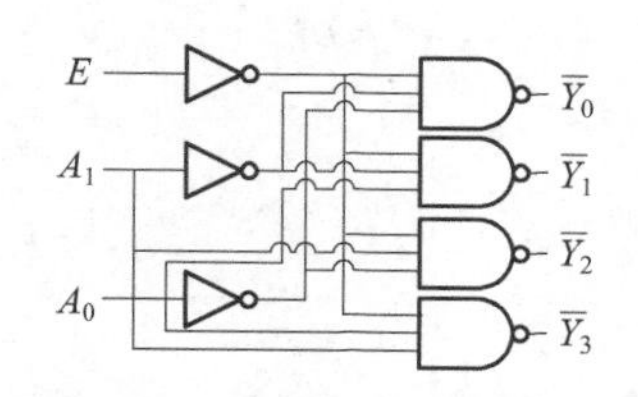

图 10-2　2-4 译码器逻辑电路图

2-4 译码器设计代码如下：

```
/*--------------------------------------
Filename: decoder_2to4.v
Function: 2-4译码器(输出低电平有效)
Author: Date:
---------------------------------------*/
module decoder_2to4(Y, A0, A1, E);
    //端口定义
    input A0, A1, E;
    output [3 : 0] Y;
    wire nA0, nA1, nE; //内部连线

    //门级描述
    not n1(nE, E), n2(nA0, A0), n3(nA1, A1);
    nand nd1(Y[0], nE, nA0, nA1), nd2(Y[1], nE, A0, nA1),
         nd3(Y[2], nE, nA0, A1), nd4(Y[3], nE, A0, A1);
endmodule
```

仿真结果如图 10-3 所示。

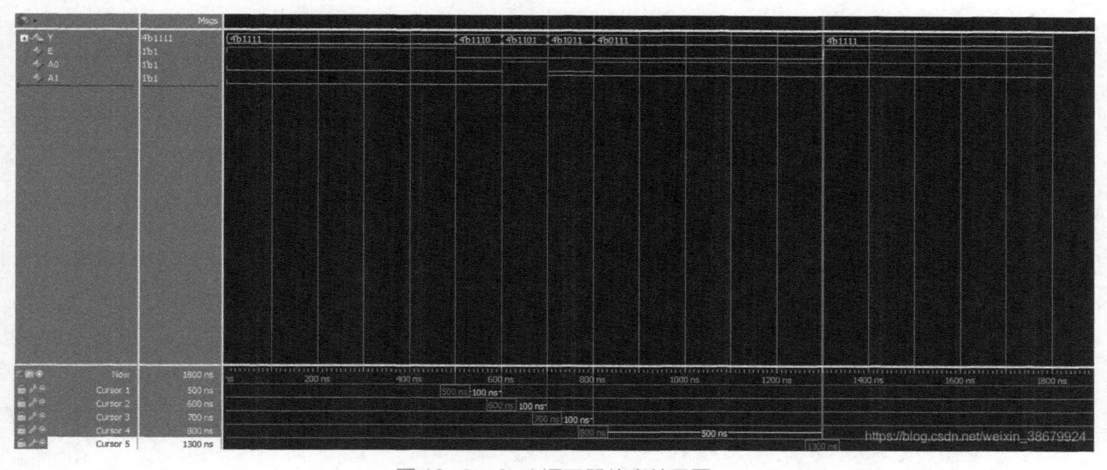

图 10-3　2-4 译码器仿真结果图

10.1.1.4 8421码译码器

设计代码如下：

```
module decoder_8421 ( Y, en, A);
input en;
input [3:0] A;
output [9:0] Y;
reg [9:0] Y;
always @(en or A) begin
   if(en == 1)     // 使能信号有效
        case(A)
            4'b0000 : Y = 10'b0000000001;
            4'b0001 : Y = 10'b0000000010;
            4'b0010 : Y = 10'b0000000100;
            4'b0011 : Y = 10'b0000001000;
            4'b0100 : Y = 10'b0000010000;
            4'b0101 : Y = 10'b0000100000;
            4'b0110 : Y = 10'b0001000000;
            4'b0111 : Y = 10'b0010000000;
            4'b1000 : Y = 10'b0100000000;
            4'b1001 : Y = 10'b1000000000;
            default : Y = 10'b0000000000;
         endcase
   else out = 10'b0000000000; // 使能信号无效
end
endmodule
```

10.1.1.5 8421编码器

设计代码如下：

```
module Key_8421 ( Y, OUT, en, I);
input en;
input [9:0] I;
output [3:0] Y;
output OUT;
reg [9:0] Y;
reg OUT;
always @(en or I) begin
   if(en == 1)     // 使能信号有效，开始编码
```

```
        case (I)
            10'b0000000001 : {OUT, Y} = 5'b10000;
            10'b0000000010 : {OUT, Y} = 5'b10001;
            10'b0000000100 : {OUT, Y} = 5'b10010;
            10'b0000001000 : {OUT, Y} = 5'b10011;
            10'b0000010000 : {OUT, Y} = 5'b10100;
            10'b0000100000 : {OUT, Y} = 5'b10101;
            10'b0001000000 : {OUT, Y} = 5'b10110;
            10'b0010000000 : {OUT, Y} = 5'b10111;
            10'b0100000000 : {OUT, Y} = 5'b11000;
            10'b1000000000 : {OUT, Y} = 5'b11001;
            default : {OUT, Y} = 5 'b00000;    // 使能信号有效，但输
//入无有效信号或有多位有效信号
        endcase
    else {OUT, Y} = 5 'b00000; // 使能信号无效，OUT = 0
end
endmodule
```

10.1.1.6　4位二进制转8421 BCD

设计代码如下：

```
module _4bitBIN2bcd (BCD1, BCD0, Bin);
input [3:0] Bin;
ouput  reg [3:0] BCD1, BCD0;

always @(Bin) begin
    {BCD1, BCD0} = 8'h00;
     if(Bin < 10) begin
        BCD1 = 4'h0;
        BCD0 = Bin;
    end
    else begin
        BCD1 = 4 'h1;    // 如果Bin ≥ 10，则十位部分为1
        BCD0 = Bin - 4'd10;    //个位部分等于Bin -10
    end
end
endmodule
```

10.1.2 简易有限状态机设计

“101”序列检测器：有“101”序列输入时输出为 1，其他输入情况下，输出为 0。画出状态转移图，并用 Verilog 描述。

(1)先分析输入序列产生的结果

序列检测器就是将一个指定序列从数字码流中识别出来。本例中将设计一个“101”序列的检测器。设 X 为数字码流的输入，Z 为检测出标记输出，高电平表示发现指定的序列 101，考虑码流为 10101010101…，“101”序列检测器的输入与输出关系见表 10-2。

表 10-2 “101”序列检测器的输入与输出关系

时钟	1	2	3	4	5	6	7	8	9	10	11	…
输入 X	1	0	1	0	1	0	1	0	1	0	1	…
输出 Z	0	0	1	0	1	0	1	0	1	0	1	…

(2)将上述功能转化为状态转移图

“101”序列检测器状态转移图见图 10-4。

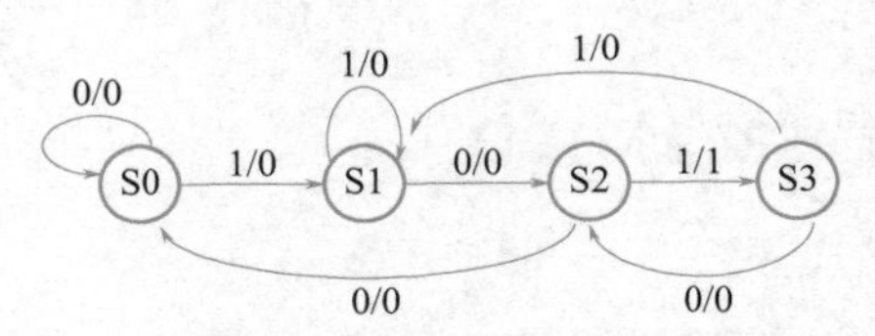

图 10- 4 “101”序列检测器状态转移图

(3)用 Verilog 语言描述状态机

设计代码如下：

```
module Detect_101(
   input             clk,
   input             rst_n,
   input             data,
   output            flag_101
   );

parameter  S0 = 0,
           S1 = 1,
           S2 = 2,
           S3 = 3;

reg     [1:0]    state;
```

```
always @(posedge clk or negedge rst_n)begin
    if(rst_n == 1'b0)begin
          state <= S0;
    end
    else begin
          case(state)
          S0:
               if(data == 1)
                    state <= S1;
               else
                    state <= S0;
          S1:
               if(data == 0)
                    state <= S2;
               else
                    state <= S1;
          S2:
               if(data == 1)
                    state <= S3;
               else
                    state <= S0;
          S3:
               if(data == 1)
                    state <= S1;
              else
                    state <= S2;
          default:
                    state <=S0;
          endcase
       end
end

assign  flag_101 = (state == S3)? 1'b1: 1'b0;

endmodule
```

采用三段式状态机将时序逻辑和组合逻辑分开，把状态和输出单独列出，方便检查和维护。可以写成如下：

```
module Detect_101(
```

```
       input          clk,
       input          rst_n,
       input          data,
       output        flag_101
       );

    parameter   S0 = 0,
                S1 = 1,
                S2 = 2,
                S3 = 3;

    reg     [1:0]   state;
    reg     [1:0]   next_state;

    always @(posedge clk or negedge rst_n) begin
        if (!rst_n)
             state <= S0;
         else
             state <= next_state;
    end

    always @(*)begin
             case(state)
             S0:
                  next_state = (data) ? S1:S0;
             S1:
                  next_state = (data) ? S1:S2;
             S2:
                  next_state = (data) ? S3:S0;
             S3:
                  next_state = (data) ? S1:S2;
             default:
                  state = S0;
             endcase
    end

    always @(*)begin
        if (! rst_n)
```

```
            flag_101 = 1'b0;
        else if (state == S3)
            flag_101 = 1'b1;
        else
            flag_101 = 1'b0;
    end

    endmodule
```

由于有“101”序列输入时输出为 1，在其他输入情况下，输出为 0，所以在画状态转移图的时候，只要有 101 的序列输出就为 1。如下示例所示：

输入序列 1010101

输出序列 0010101

但是有时会出现如下情况，即输出完 101 序列后，状态机又回到初始状态重新检测 101 序列：

输入序列 1010101

输出序列 0010001

因此状态转移又会发生变化，状态转移图见图 10-5。

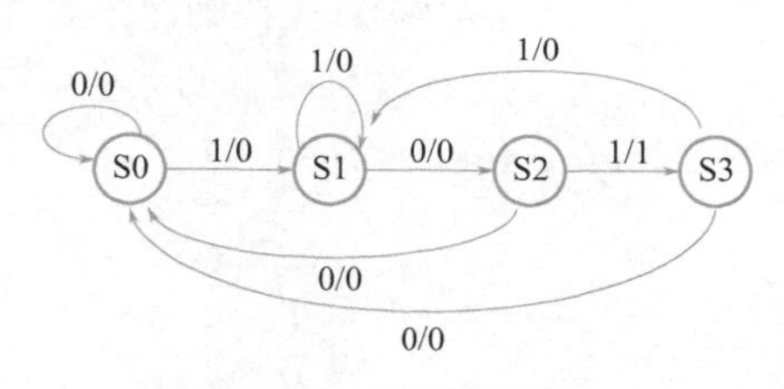

图 10-5　状态转移图

10.1.3　跑马灯设计

10.1.3.1　点亮LED灯设计

控制点亮和熄灭 LED 灯。

设计代码如下：

```
module  LED
(
  ENA,
  LED_OUT
);
```

```
input   ENA;
output LED_OUT;
wire    ENA;
wire    LED_OUT;
assign LED_OUT=ENA?1'h0:1'h1;
endmodule
```

10.1.3.2 闪烁LED灯设计

设计代码如下：

```
module LED
(
CLK,
RST_B,
LED_OUT
);
input CLK;                          //时钟信号
input RST_B;                        //复位信号
output LED_OUT;                     //输出LED灯信号，低电平点亮
wire CLK;
wire RST_B;
reg LED_OUT;
reg [26:0] CNT;                     //LED灯亮控制计数器
reg [26:0] CNT_N;                   //改变计数器的大小可以改变灯的亮灭时间
always @ (posedge CLK or negedge RST_B)
begin
  if(!RST_B)
     CNT<=   27'h0;
  else
CNT<=   CNT_N;
End
assign CNT_N=CNT+26'h1;
assign LED_OUT =CNT[26];//当系统时钟频率为5MHz时，灯亮灭的间隔大约为600ms
endmodule
```

10.1.3.3 流水灯设计

8 位流水灯设计，设计代码如下：

```
module STREAM_LED
(
```

```
    CLK,
    RST_B,
    LED_OUT
    );
    input              CLK;                        //系统时钟
    input              RST_B;                      //系统复位
    output     [7:0] LED_OUT;                      //输出指示灯信号
    wire       CLK;
    wire       RST_B;
    reg        [7:0] LED_OUT;
    reg        [24:0]        CNT;                  //计数器
    reg        [7:0] LED_OUT_N;                    //LED输出的下一个状态
    wire       [24:0]        CNT_N;                //计数器的下一个状态
    always @(negedge RST_B or negedge CLK)         //灯闪亮时间计算器
    begin
    if(!RST_B)
    CNT        <= 25'h0;
    else
    CNT        <= CNT_N;
    End
    assign     CNT_N = CNT + 25'h1;

    always @(negedge RST_B or negedge CLK)         //流水灯控制
    begin
      if(!RST_B)
    LED_OUT  <= 8'b1111_1110;
    else
    LED_OUT  <= LED_OUT_N;
    End
    always @ (*)
    begin
    if((LED_OUT == 8'b0111_1111) && (CNT == 25'h0))
    LED_OUT_N  = 8'b1111_1110;
    else if(CNT == 25'h0)
    LED_OUT_N  = {LED_OUT[6:0], 1'h1};
else
    LED_OUT_N  = LED_OUT;
end
endmodule
```

10.1.3.4 按键控制不同灯的亮灭设计

（1）按键原理

本例中利用按键控制流水灯的流向，首先对按键进行简单介绍。

按键是使用较广泛的一种数据输入设备。键盘是一组按键的组合。按键通常是一种常开型按钮开关，常态下按键的两个触点处于断开状态，按下按键时它们才闭合（短路）。如图 10-6 所示为按键的外观图。

图 10-6 按键的外观图

由于按键按下时的机械动作，在按键被按下或松开的瞬间，其输出电压会产生波动，称为按键的抖动。如图 10-7 所示。

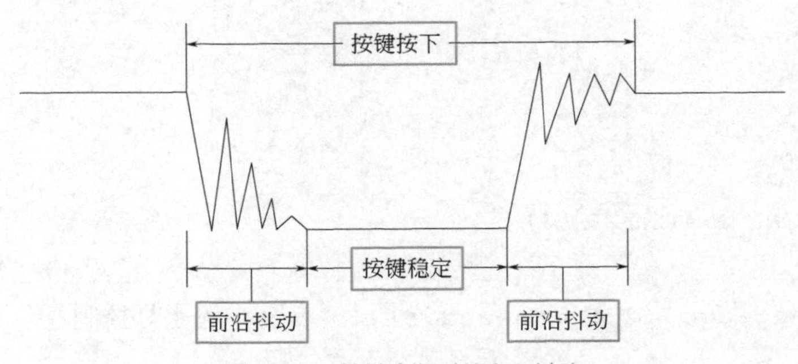

图 10-7 按键合断时的电压抖动

为确保每按一次按键单片机只进行一次处理，使键盘可靠地工作，必须消除按键抖动。消抖方法有硬件消抖和软件消抖两种。

硬件消抖法：就是在键盘中附加去抖动电路，从根上消除抖动产生的可能性。如图 10-8 所示电路实际上是由 R-S 触发器构成的单脉冲电路。当按钮开关按下时 Q 端输出低电平，当开关松开时 Q 端恢复高电平，即输出一个负脉冲，以此消除抖动。

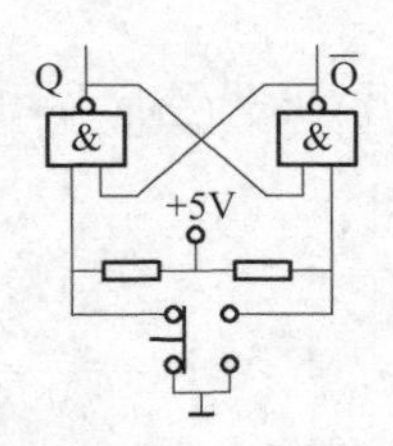

图 10-8 硬件去抖动电路

软件消抖法：按键按下的时间与操作者的按键动作有关，为十分之几秒到几秒不等。而按键抖动时间与按键的机械特性有关，一般为 5 ～ 10ms 不等。软件消抖法即是采用延时（一般延时 10 ～ 20ms）的方法，以避开按键的抖动，即在按键已稳定地闭合或断开时才读出其状态。

（2）按键示例

按键控制不同 LED 灯的亮灭设计，设计代码如下：

```
    module KEY_TEST
    (
    CLK,
    RST_B,
    KEY_B,

    LED_OUT
    );

input   CLK;                                //系统时钟
input   RST_B;                         //系统复位
input   [3:0]   KEY_B;                      //按键输入信号，低电平有效

output [3:0]    LED_OUT;                    //LED输出信号，低电平有效

wire    CLK;
wire    RST_B;
wire    [3:0]KEY_B;

reg     [3:0]LED_OUT;

reg     [19:0]  TIME_COUNT;                 //计时器
reg     [3:0]   KEY_REG;                    //按键延时缓存
reg     [3:0]   LED_OUT_N;                  //LED的下一个状态

wire[19:0]      TIME_COUNT_N;               // TIME_COUNT的下一个状态
wire[3:0]       KEY_REG_N;                  //KEY_REG的下一个状态
wire[3:0]       PRESS;                      //按键按下检测信号

///////////////////////////////////////////////////////////////////////
assign   PRESS = KEY_REG & (~KEY_REG_N);
always @ (posedge CLK or negedge RST_B)
begin
```

```
  if(!RST_B)
     KEY_REG    <=   4'hF;
  else
     KEY_REG    <=   KEY_REG_N;
end
assign      KEY_REG_N = (TIME_COUNT == 20'h0) ? KEY_B : KEY_REG;
//实现按键状态的正确采集
///////////////////////////////////////////////////////////////
always @ (posedge CLK  or negedge RST_B)//按键采集计数器
begin
  if(!RST_B)
     TIME_COUNT  <=  20'h0;
  else
     TIME_COUNT  <=  TIME_COUNT_N;
end
assign   TIME_COUNT_N = TIME_COUNT +1'h1;

always @ (posedge CLK or negedge RST_B)//亮灯控制
begin
  if(!RST_B)
     LED_OUT      <=  4'hF;
  else
     LED_OUT      <=  LED_OUT_N;
end

always @ (*)
begin
  case(PRESS)
    4'b0001 : LED_OUT_N = {LED_OUT[3:1] , (~LED_OUT[0])            };
    4'b0010 : LED_OUT_N = {LED_OUT[3:2] ,  (~LED_OUT[1]) , LED_OUT[0]  };
    4'b0100 : LED_OUT_N = {LED_OUT[3]   ,  (~LED_OUT[2]) , LED_OUT[1:0]};
    4'b1000 : LED_OUT_N = {       (~LED_OUT[3]) , LED_OUT[2:0]};
    default : LED_OUT_N = LED_OUT;
 endcase
end
endmodule
```

10.1.4 数码管显示设计

（1）数码管原理

数码管是一种半导体发光器件，其基本单元是发光二极管，是单片机系统中常用的一种显示输出，主要用于单片机控制中的数据输出和状态信息显示。数码管按段数分为七段数码管和八段数码管，八段数码管比七段数码管多一个发光二极管单元（多一个小数点显示）；按能显示多少个“8”可分为1位、2位、4位等数码管，如图10-9所示为一个1位数码管；按发光二极管单元连接方式分为共阳极数码管和共阴极数码管。共阳极数码管是指将所有发光二极管的阳极接到一起形成公共阳极(COM)的数码管。共阳极数码管在应用时应将公共极COM接到+5V，当某一字段发光二极管的阴极为低电平时，相应字段就被点亮；当某一字段的阴极为高电平时，相应字段就不亮。共阴极数码管是指将所有发光二极管的阴极接到一起形成公共阴极(COM)的数码管。共阴极数码管在应用时应将公共极COM接到地线GND上，当某一字段发光二极管的阳极为高电平时，相应字段就被点亮；当某一字段的阳极为低电平时，相应字段就不亮。

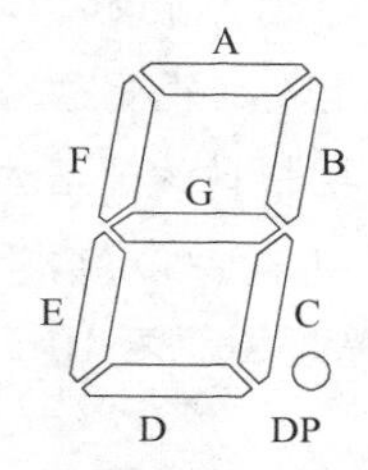

图10-9 一位数码管

共阴极数码管是将所有发光二极管的阴极接在一起作为公共端COM，当公共端接低电平时，某一段发光二极管阳极上的电平为“1”时，该段点亮，电平为“0”时，该段熄灭。如图10-10所示为共阴极数码管的连接原理图。

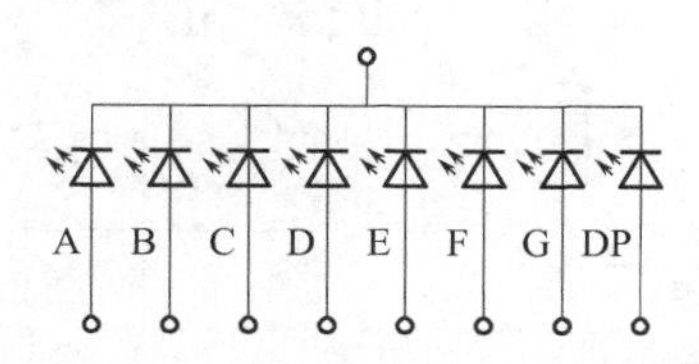

图10-10 共阴极数码管的连接原理图

共阳极数码管是将所有发光二极管的阳极接在一起作为公共端COM，当公共端接高电平时，某一段发光二极管阴极上的电平为“0”时，该段点亮，电平为“1”时，该段熄灭。如图10-11所示为共阳极数码管连接原理图。

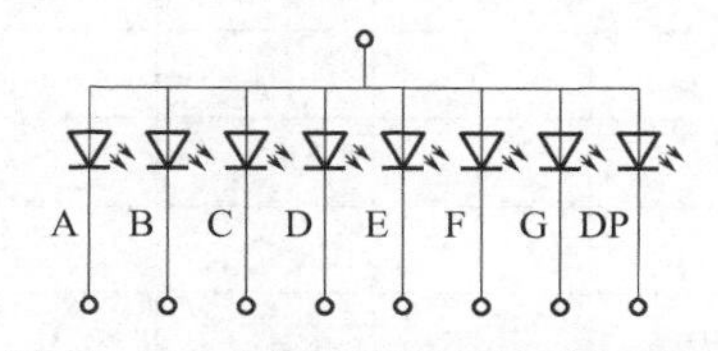

图10-11 共阳极数码管的连接原理图

数码管要正常显示，就要用驱动电路来驱动数码管的各个段码，从而显示出我们需要的数字，因此根据数码管的驱动方式的不同，可以分为静态式和动态式两类。下面分别介绍这两种驱动方式。

· 静态驱动　静态驱动也称直流驱动。静态驱动是指每个数码管的每一个段码都由一个I/O端口进行驱动，或者使用如BCD码、二-十进制译码器译码进行驱动。静态驱动的优点是编程简单，显示亮度高，缺点是占用I/O端口多，如驱动5个数码管静态显示则需要5×8＝40个I/O端口来驱动。

· 动态驱动　数码管动态显示接口是单片机中应用最为广泛的一种显示方式之一。动态驱动是将所有数码管的8个显示笔画"A、B、C、D、E、F、G、DP"的同名端连在一起，另外为每位数码管的公共极COM增加位选通控制电路，位选通由各自独立的I/O线控制。当FPGA输出字形码时，所有数码管都接收到相同的字形码，但究竟是哪个数码管会显示出字形，取决于FPGA对位选通COM端电路的控制，所以我们只要将需要显示的数码管的位选通控制打开，该位就能显示出字形，没有选通的数码管就不会亮。通过分时轮流控制各位数码管的COM端，就能使各位数码管轮流受控显示，这就是动态驱动。在轮流显示过程中，每位数码管的点亮时间为1～2ms，由于人的视觉暂留现象及发光二极管的余辉效应，尽管实际上各位数码管并非同时点亮，但只要扫描的速度足够快，给人的印象就是一组稳定的显示数据，不会有闪烁感。动态显示的效果和静态显示是一样的，能够节省大量的I/O端口，而且功耗更低。如图10-12所示为连接原理图。表10-3为一位数码管的码字对应表。

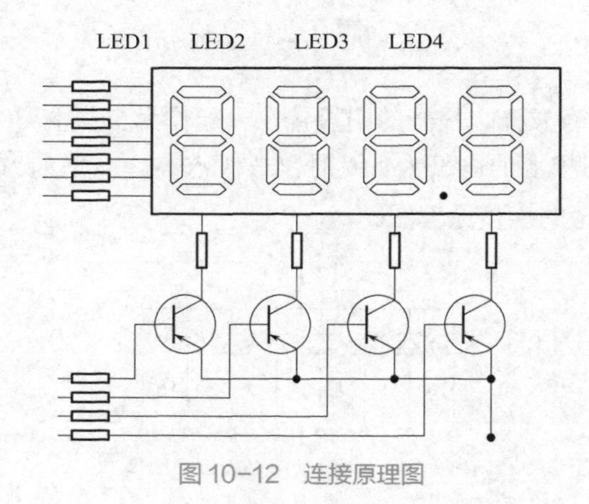

图10-12　连接原理图

表10-3　码字对应表

字型	DP	G	F	E	D	C	B	A	段码
0	1	1	0	0	0	0	0	0	0C0H
1	1	1	1	1	1	0	0	1	0F9H
2	1	0	1	0	0	1	0	0	0A4H
3	1	0	1	1	0	0	0	0	0B0H
4	1	0	0	1	1	0	0	1	99H
5	1	0	0	1	0	0	1	0	92H

续表

字型	DP	G	F	E	D	C	B	A	段码
6	1	0	0	0	0	0	1	0	82h
7	1	1	1	1	1	0	0	0	0F8H
8	1	0	0	0	0	0	0	0	80H
9	1	0	0	1	0	0	0	0	90H
A	1	0	0	0	1	0	0	0	88H
B	1	0	0	0	0	0	1	1	83H
C	1	1	0	0	0	1	1	0	0C6H
D	1	0	1	0	0	0	0	1	0A1H
E	1	0	0	0	0	1	1	0	86H
F	1	0	0	0	1	1	1	0	8EH

（2）数码管动态扫描电路

本例实现四位数码管动态显示 1234，设计代码如下：

```
module LED_CTL
(
CLK,
RST_B,

DATA_LED,
SEL_LED
);

input              CLK;                   //系统时钟
input              RST_B;                 //系统复位

output    [7:0]  DATA_LED;              //数码管输出信号
output    [3:0]  SEL_LED;               //数码管位选择信号

wire      CLK;
wire      RST_B;

reg       [7:0]  DATA_LED;
reg       [3:0]  SEL_LED;

reg       [15:0]TIME_COUNT;            //计时器
reg       [1:0]  SEL_LED_CNT;           //数码管位选择计数器
```

```
wire [15:0]     TIME_COUNT_N;       //计时器的下一个状态
wire [1:0]      SEL_LED_CNT_N;      //数码管位选择计数器的下一个状态

always @(negedge RST_B or negedge CLK) //数码管位选择和数据时间计数器
begin
  if(!RST_B)
    TIME_COUNT  <= 16'h0;
  else
    TIME_COUNT  <= TIME_COUNT_N;
end

assign  TIME_COUNT_N = TIME_COUNT + 10'h1;

always @(negedge RST_B or negedge CLK) //数码管位选择控制计数器
begin
  if(!RST_B)
    SEL_LED_CNT <= 2'h0;
  else
    SEL_LED_CNT <= SEL_LED_CNT_N;
end

assign  SEL_LED_CNT_N = (TIME_COUNT) ? SEL_LED_CNT : (SEL_LED_CNT + 2'h1);

always @ (*) //数码管位选择信号
begin
  case(SEL_LED_CNT)
    0    : SEL_LED = 4'b1110;
    1    : SEL_LED = 4'b1101;
    2    : SEL_LED = 4'b1011;
    3    : SEL_LED = 4'b0111;
    default : SEL_LED = 4'b1111;
  endcase
end

always @ (*) //数码管显示数据
begin
  case(SEL_LED_CNT)
    0    : DATA_LED = 8'h99;
```

```
    1      : DATA_LED = 8'hb0;
    2      : DATA_LED = 8'ha4;
    3      : DATA_LED = 8'hf9;
    default : DATA_LED = 8'hFF;
  endcase
end
endmodule
```

10.2　Verilog 进阶设计实例

10.2.1　IIC 通信

IIC 协议是一种数据双向、二线制总线标准的总线协议。多用于主机（Master）、从机（Slave）在数据量不大且传输距离短的场合下使用，比如对 EEPROM 的读写操作，就需要采用 IIC 协议实现读写操作（两线串行接口的双向数据传输协议）。主机（PC）启动总线，并产生时钟用于传输数据，此时任何接收数据的器件都被认为是从机。

IIC 总线是由数据线 SDA 和时钟线 SCL 构成的，发送、接收数据都行，在主、从机之间进行双向数据传输，各种被控器件（从机）均并联在总线上，通过器件地址（Slave Address）识别。

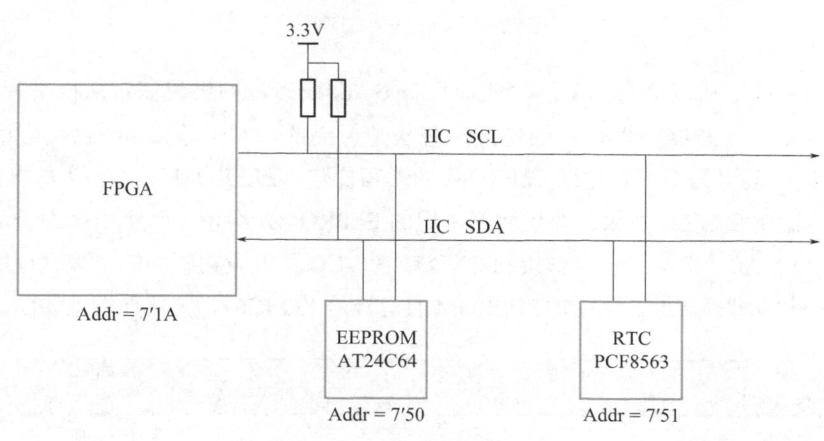

图 10-13　IIC 总线设备连接图

由图 10-13 可知，当总线空闲时，两条线路都是高电平状态，并且各个器件的两条线都是“与”关系。如果主机（PC/FPGA）想开始传输数据，只需要在 SCL 为高电平的时候将 SDA 线拉低，产生一个起始信号，从机检测到起始信号后，准备接收数据，当数据传输完成以后，主机产生一个停止信号，告诉从机数据传输结束。停止信号的产生是在 SCL 为高电平时，SDA 从低电平跳变为高电平，从机检测到停止信号后，停止接收数据。图 10-14 为 IIC 协议的粗略时序图。

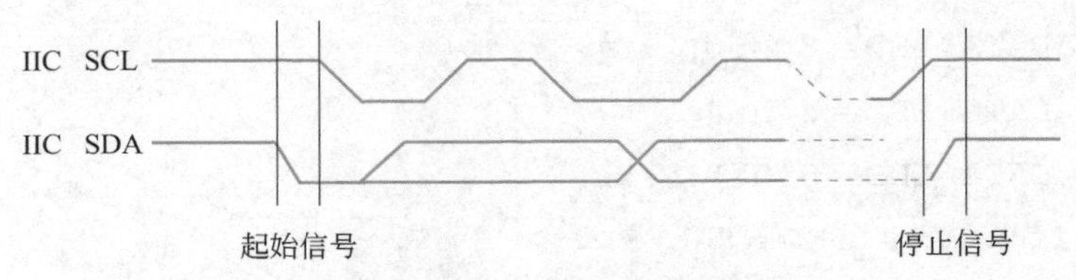

图 10-14 IIC 协议的粗略时序图

具体时序操作为：起始信号发送之后，主机开始发送传输的数据；在串行时钟线 SCL 为低电平的时候，SDA 才允许改变传输的数据位。SCL 在高电平的时候，SDA 要保持稳定，相当于在 SCL 的一个时钟周期 SDA 只可以传输 1bit 数据，经过 8 个时钟周期后传输了 8bit 数据（一个字节）。在第八个时钟周期末，主机会释放 SDA 让从机应答。在第九个时钟周期的 SCL 为高电平期间，如果从机将 SDA 信号拉低（检测到 SDA 为低电平）则表示应答，反之即表示数据传输失败。在第九个时钟周期末，从机释放 SDA 使主机继续传输数据，如果主机发送停止信号则表示这次传输结束。IIC 的传输数据模式是串行发送，最先发送的是字节的最高位。如图 10-15 所示。

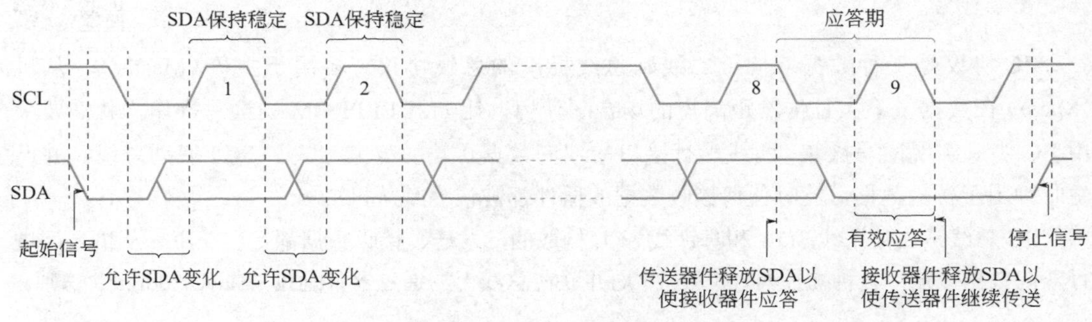

图 10-15 IIC 总线时序图

上文提到，每个从机都有一个器件地址（Slave Address），如果我们对从机进行数据传输，就涉及器件地址。有些器件地址是固定的，有些是灵活的，对于验证 IIC 总线协议的 Verilog HDL 实现，我们采用 FPGA 去进行 EEPROM 的读写操作，EEPROM 就是一个从机，FPGA 与其进行数据传输就使用 IIC 协议。对于我们采用的 EEPROM，会留下三个引脚用于可编程地址位，即 A2、A1、A0。将这三个引脚接到 GND 或者 VCC 可以设置不同的可编程地址，对于现在的实验，三个引脚都接地。采用的 EEPROM 的型号是 AT24C64，其器件地址如图 10-16 所示。

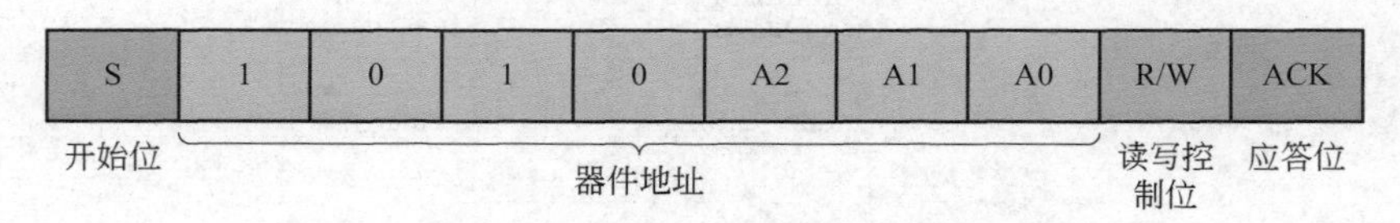

图 10-16 AT24C64 器件地址图

当进行数据传输时，主机首先向总线上发出起始信号，对应开始位 S，然后从高到低发送器件地址，一般是 7bit，第八位是读写控制位 R/W，该位是 0 表示主机对从机进行写操作，是 1 表示主机对从机进行读操作，然后接收从机响应。发送完第一个字节（7 位器件地址和 1 位读写控制位）并且从机正确应答后就开始发送字地址（Word Address）。一般来说对于兼容 IIC 协议的器件，内部总会有可以读写操作的寄存器或者存储器。对于实验用到的 EEPROM

存储器，其内部就是一系列顺序编址的存储单元，所以对存储单元或者寄存器读写时，首先要指定存储单元的地址即字地址，然后再向该地址存储单元或者寄存器写入数据。该地址的长度是一个或者两个字节长度，具体由内部的存储单元数量决定（对于实验任务）。对于我们采用型号是 AT24C64 的 EEPROM 来说，其存储单元的容量位为 64kB=8kB，就需要 13 位（2^{13}B=8kB）的地址位，IIC 的传输是以字节为单位进行的，所以需要两个字节地址来寻址整个存储单元，如图 10-17 所示。

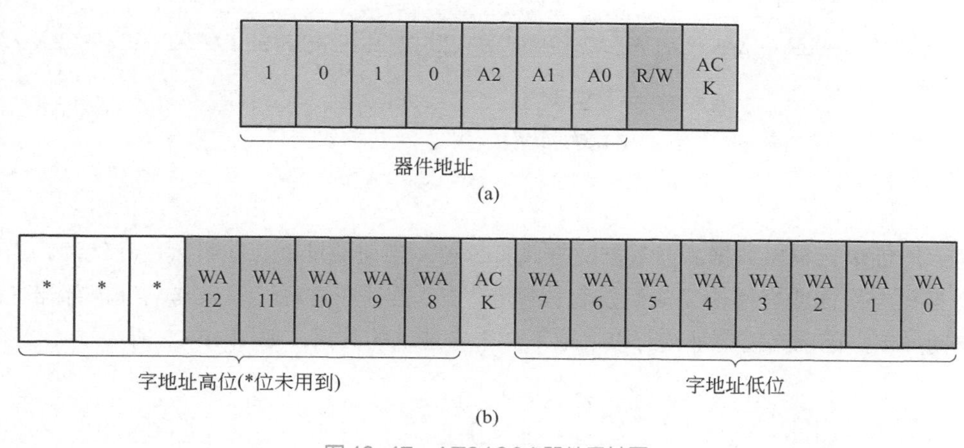

图 10-17 AT24C64 器件寻址图

主机发送完字地址从机正确应答后，就把内部存储单元地址指针指向该单元。对于主机对从机的写数据操作，写数据也分单次写（对于 EEPROM 为字节写）和连续写（页写）。其区别在于发送完一个字节数据后，是发送停止信号还是继续发送下一个字节数据。对于 EEPROM 的页写，当写完一页（AT24C64 的一页单元容量为 32B）的最后一个单元时，地址的指针指向该页的开头，再写入的数据会覆盖之前的内容。如图 10-18 所示。

对于读写控制位 R/W 位是“1”时，主机对从机进行读操作，主机处于接收数据状态，

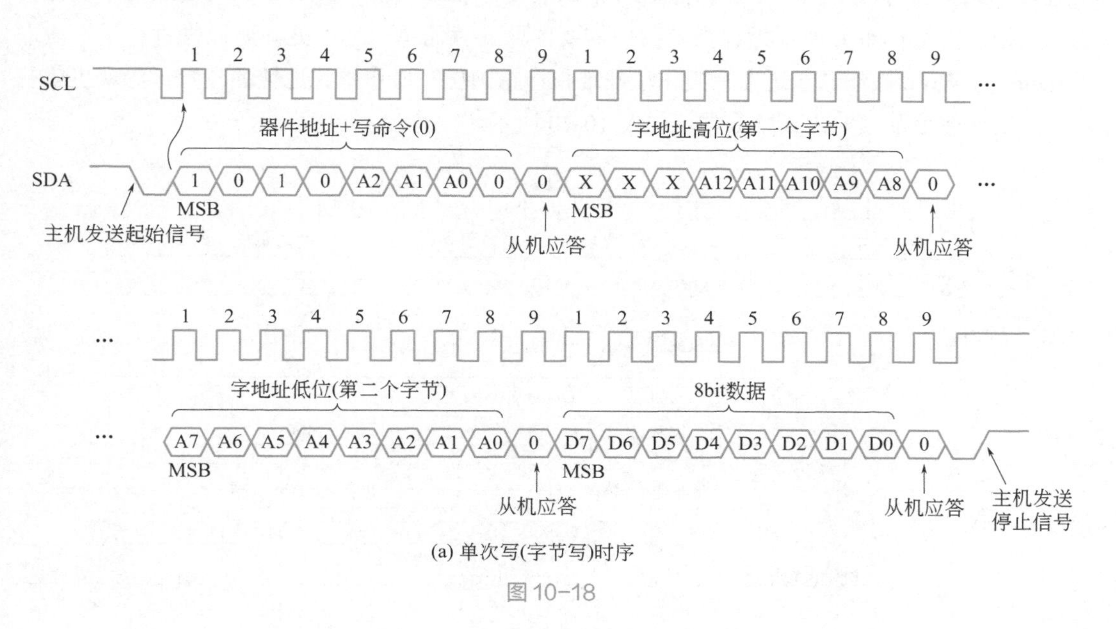

(a) 单次写(字节写)时序

图 10-18

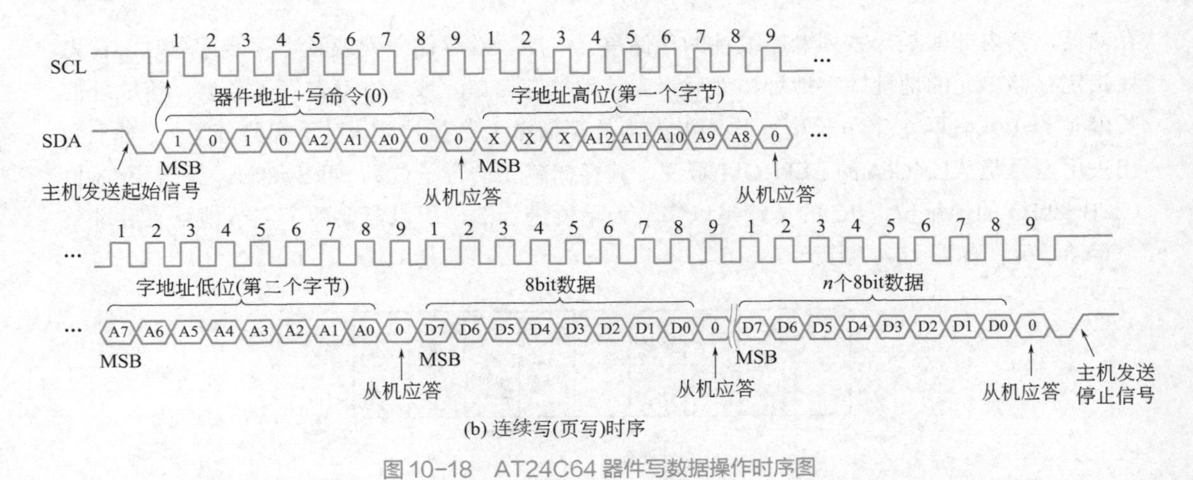

(b) 连续写(页写)时序

图 10-18　AT24C64 器件写数据操作时序图

从机从该地址单元输出数据。读数据的方式有三种：当前地址读、随机读、连续读。当前地址读是指在一次读或写操作完成后发起读操作。IIC 器件在进行读写操作后，内部器件地址指针自动加 1，因此当前地址读可以读取下一个字地址的数据，如图 10-19 所示。

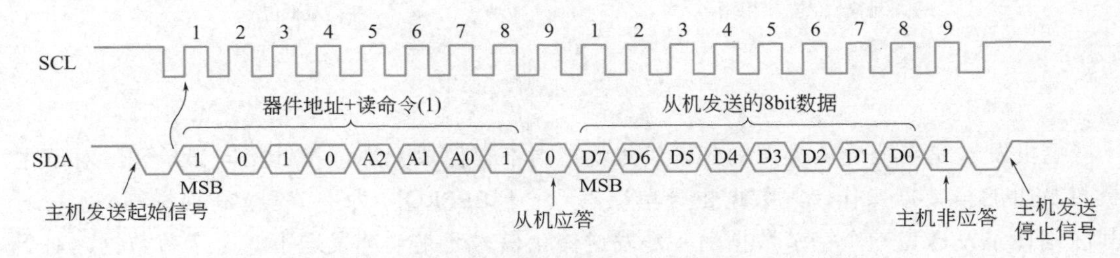

图 10-19　AT24C64 的当前地址读时序图

当前地址读简单但是不方便读取任意地址单元数据，所以就有了随机读。随机读需要先发送器件地址、写命令和字地址，然后再第二次发送器件地址和读命令。这是因为我们需要使从机地址的存储单元地址指针指向我们需要读取的存储单元地址处，所以先进行了一次虚写 /Dummy Write 操作。通过虚写操作使地址指针指向虚写操作中字地址的位置，等从机应答后，再用当前地址读的方式读数据，如图 10-20 所示。

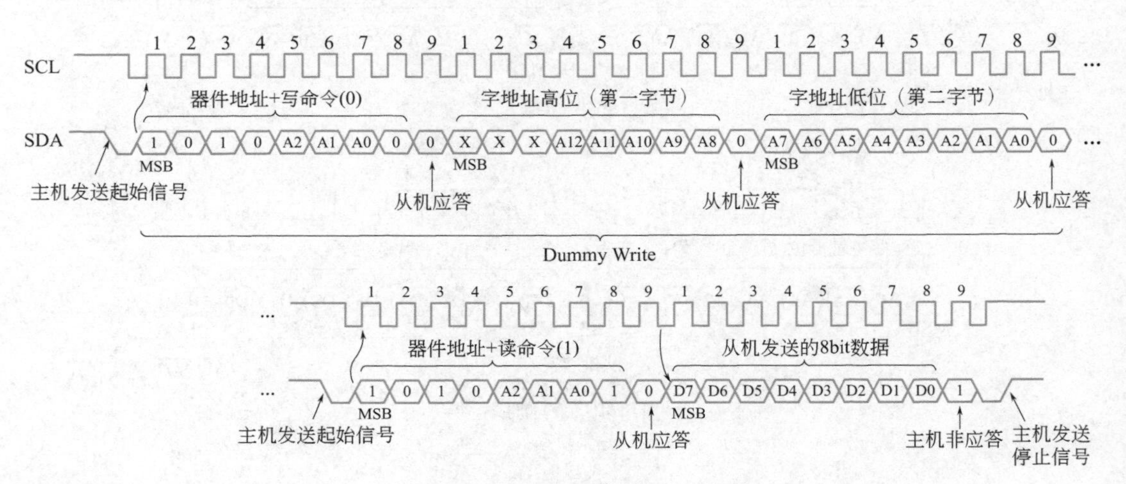

图 10-20　AT24C64 的随机读时序图

对于连续读，对应的是当前地址读和随机读都是一次读取一个字节而言，它是将当前地址读或者随机读的主机非应答改为应答，表示继续读取数据。见图 10-21 为当前地址读下的连续读。

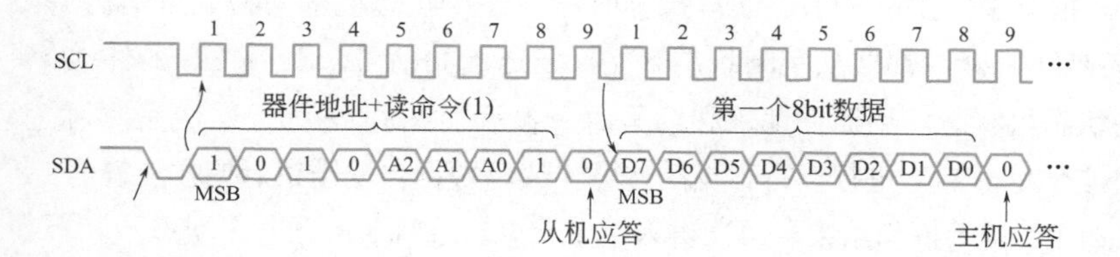

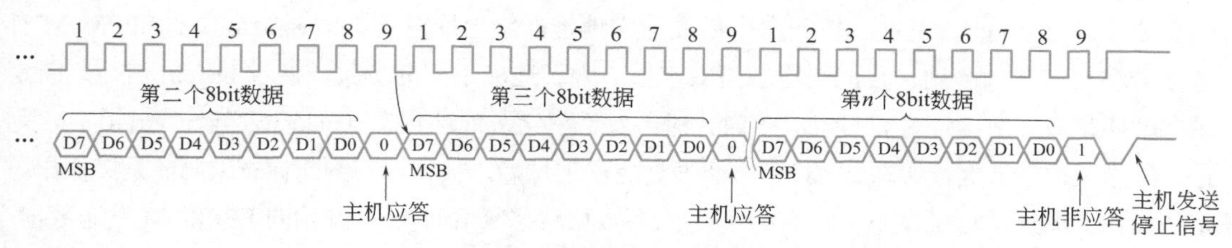

图 10-21　AT24C64 的连续读时序图

讲解完 IIC 协议，现在编程验证。对于型号为 AT24C64 的 EEPROM，其引脚图如图 10-22 所示。

A2、A1、A0 是可编程地址输入端，SDA 是双向串行数据的输入 / 输出端，SCL 是串行时钟输入端，WP 是写保护。上文说过，该器件地址的 A2、A1、A0 是接地的，所以其器件地址为 1010000。AT24C64 IIC 连接图见图 10-23。

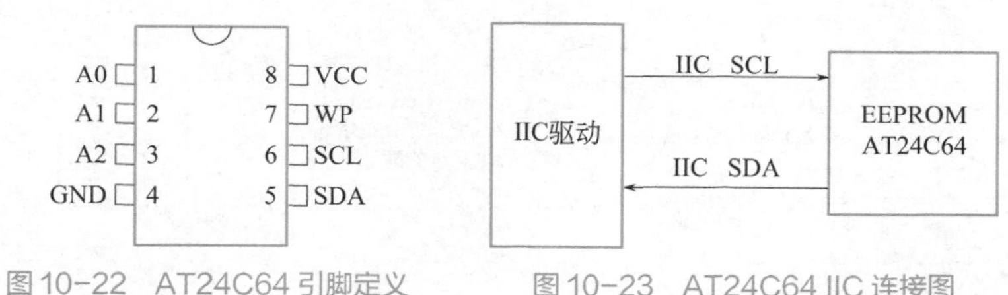

图 10-22　AT24C64 引脚定义　　图 10-23　AT24C64 IIC 连接图

其顶层模块原理图见图 10-24。

其中 i2c_dri 为 IIC 驱动模块，用来驱动 IIC 的读写操作。当 EEPROM 执行读写操作时，拉高 IIC 触发控制信号 i2c_exec 去使能 IIC 驱动模块，并且使用读写控制信号 i2c_rh_wl 控制读写操作，当读写控制信号 i2c_rh_wl 为低电平时，IIC 驱动模块 i2c_dri 执行写操作，反之

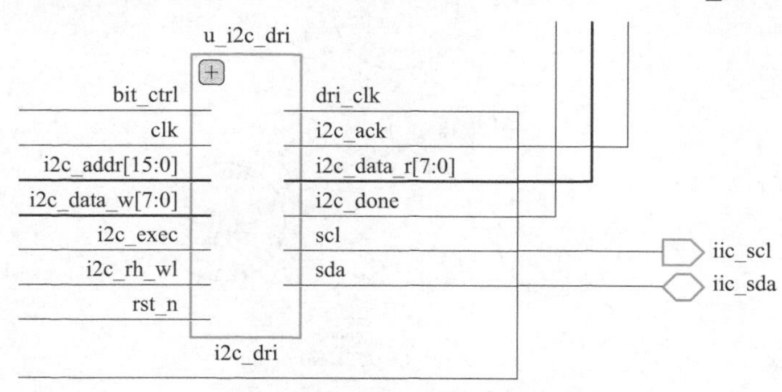

图 10-24　IIC 顶层模块原理图

执行读操作。此外，通过 i2c_addr 接口向 i2c_dri 模块输入器件地址，通过 i2c_data_w 接口向 i2c_dri 模块输入写数据，并通过 i2c_data_r 接口读取 i2c_dri 模块读到的数据。

对于 i2c_dri 驱动模块，根据上文解释的 IIC 读写操作时序，使用状态机书写特别合适。

首先，无论是字节写还是随机读，都要从空闲状态开始，发送起始信号，然后发送器件地址和读写命令（对于下文的状态机状态，用器件地址和读写命令表示“控制命令”）。发送完控制命令并接收应答信号后发送字地址，然后进行读写数据的传输。读写数据传输结束后接收应答信号，最后发送停止信号，此时 IIC 读写操作结束，再次进入空闲状态。分解后一共八个状态。

一开始状态机处于空闲状态 st_idle，当 IIC 触发执行信号（i2c_exec=1）时状态机进入发送控制命令状态 st_sladdr，发送完控制命令后发送字地址，字地址对于不同存储容量的 EEPROM 有单字节和双字节的区别，我们采用的是双字节。为了适应不同的场景，通过 bit_ctrl 信号判断是单字节还是双字节地址。当 bit_ctrl=1 时，进入发送双字节地址状态 st_addr16, 当 bit_ctrl=0 时，则进入发送八位字节地址状态 st_addr8, 并且发送完字地址后，根据读写判断标志来判断是读操作还是写操作。如果是写操作（wr_flag=0）就进入写数据状态 st_data_wr，开始向 EEPROM 发送数据；如果是读操作（wr_flag=1）就进入发送器件地址状态 st_addr_rd，发送器件地址（对应协议中的虚写），此状态结束后进入读数据状态 st_data_rd，接收 EEPROM 输出的数据。读或写数据结束后就进入结束 IIC 操作状态 st_stop 并发送结束信号，此时 IIC 再次进入空闲状态 st_idle。

状态机跳转见图 10-25。

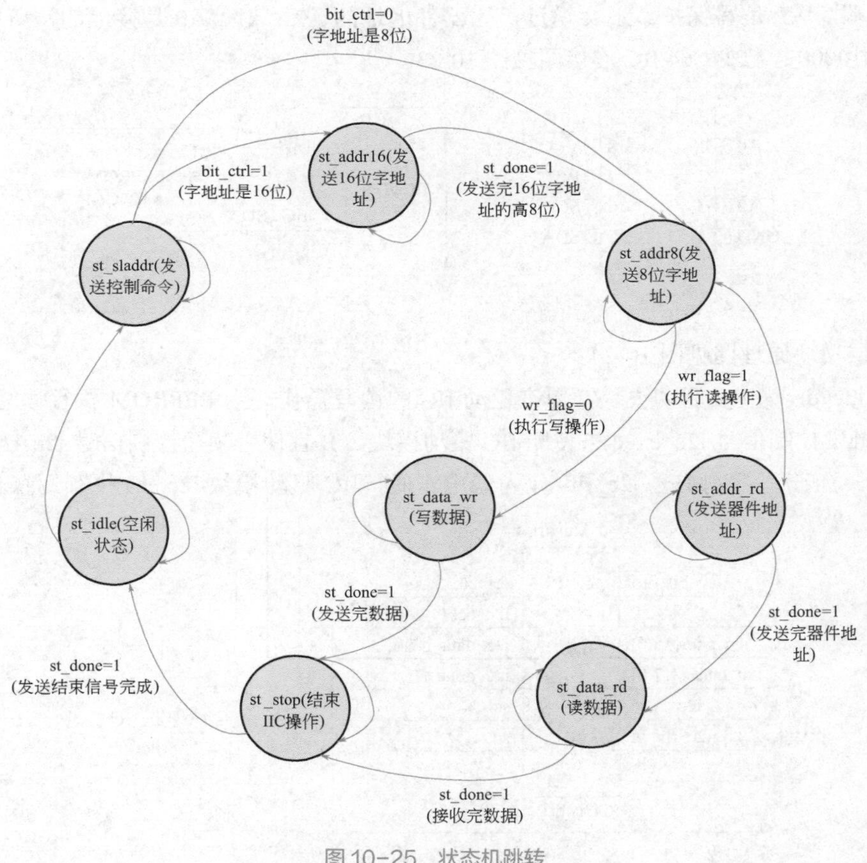

图 10-25　状态机跳转

设计代码如下：

```
module i2c_dri
  #(
   parameter SLAVE_ADDR = 7'b1010000 ,         //EEPROM从机地址
   parameter CLK_FREQ = 26'd50_000_000,        //模块输入的时钟频率
   parameter I2C_FREQ = 18'd250_000            //IIC_SCL的时钟频率
  )
  (
  input     clk  ,
  input     rst_n  ,

  //IIC接口
  input              i2c_exec ,    //IIC触发执行信号
  input              bit_ctrl ,    //字地址位控制(16b/8b)
  input              i2c_rh_wl ,   //IIC读写控制信号
  input   [15:0]     i2c_addr ,    //IIC器件内地址
  input   [7:0]      i2c_data_w ,  //IIC要写的数据
  output reg[7:0]    i2c_data_r ,  //IIC读出的数据
  output reg         i2c_done ,    //IIC一次操作完成
  output reg         i2c_ack ,     //IIC应答标志：0代表应答；1代表未应答
  output reg         scl  ,        //IIC的SCL时钟信号
  inout              sda  ,        //IIC的SDA信号

  //人机接口
  output reg   dri_clk             //驱动IIC操作的驱动时钟
  );

//localparam定义
localparam st_idle   = 8'b0000_0001; //空闲状态
localparam st_sladdr = 8'b0000_0010; //发送器件地址(Slave Address)
localparam st_addr16 = 8'b0000_0100; //发送16位字地址
localparam st_addr8  = 8'b0000_1000; //发送8位字地址
localparam st_data_wr= 8'b0001_0000; //写数据(8 bit)
localparam st_addr_rd= 8'b0010_0000; //发送器件地址读
localparam st_data_rd= 8'b0100_0000; //读数据(8 bit)
localparam st_stop   = 8'b1000_0000; //结束IIC操作

//reg定义
```

```
reg   sda_dir;                //IIC数据(SDA)方向控制
reg   sda_out;                //SDA输出信号
reg   st_done;                //状态结束
reg   wr_flag;                //写标志
reg [6:0] cnt ;               //计数
reg [7:0] cur_state;          //状态机当前状态
reg [7:0] next_state;         //状态机下一状态
reg [15:0] addr_t;            //地址
reg [7:0] data_r;             //读取的数据
reg [7:0] data_wr_t;          //IIC需写的数据的临时寄存
reg [9:0] clk_cnt;            //分频时钟计数

//wire 定义
wire   sda_in ;               //SDA输入信号
wire [8:0] clk_divide;        //模块驱动时钟的分频系数

//*****************************************************
//**       主程序
//*****************************************************

//SDA控制
assign sda  = sda_dir ? sda_out : 1'bz;       //SDA数据输出或高阻
assign sda_in = sda;                          //SDA数据输入
assign clk_divide=(CLK_FREQ/I2C_FREQ)>>2'd2;//模块驱动时钟的分频系数

//生成IIC的SCL的四倍频率的驱动时钟用于驱动IIC的操作
always @(posedge clk or negedge rst_n) begin
  if(!rst_n) begin
     dri_clk <= 1'b0;
     clk_cnt <= 10'd0;
  end
  else if(clk_cnt == clk_divide[8:1] - 1'd1) begin
     clk_cnt <= 10'd0;
     dri_clk <= ~dri_clk;
  end
  else
     clk_cnt <= clk_cnt + 1'b1;
end
```

```
//(三段式状态机)同步时序描述状态转移
always @(posedge dri_clk or negedge rst_n) begin
  if(!rst_n)
     cur_state <= st_idle;
  else
     cur_state <= next_state;
end

//组合逻辑判断状态转移条件
always @(*) begin
    next_state = st_idle;
    case(cur_state)
         st_idle: begin       //空闲状态
            if(i2c_exec) begin
                  next_state = st_sladdr;
            end
            else
                  next_state = st_idle;
         end
         st_sladdr: begin
            if(st_done) begin
                  if(bit_ctrl)      //判断是16位还是8位字地址
                      next_state = st_addr16;
                  else
                      next_state = st_addr8;
            end
            else
                  next_state = st_sladdr;
         end
         st_addr16: begin       //写16位字地址
            if(st_done) begin
                  next_state = st_addr8;
            end
            else begin
                  next_state = st_addr16;
            end
         end
         st_addr8: begin        //8位字地址
```

```
            if(st_done) begin
                if(wr_flag==1'b0)     //读写判断
                    next_state = st_data_wr;
                else
                    next_state = st_addr_rd;
            end
            else begin
                next_state = st_addr8;
            end
        end
        st_data_wr: begin       //写数据(8 bit)
            if(st_done)
                next_state = st_stop;
            else
                next_state = st_data_wr;
        end
        st_addr_rd: begin       //写地址以进行读数据
            if(st_done) begin
                next_state = st_data_rd;
            end
            else begin
                next_state = st_addr_rd;
            end
        end
        st_data_rd: begin       //读取数据(8 bit)
            if(st_done)
                next_state = st_stop;
            else
                next_state = st_data_rd;
        end
        st_stop: begin          //结束IIC操作
            if(st_done)
                next_state = st_idle;
            else
                next_state = st_stop;
        end
        default: next_state= st_idle;
    endcase
end
```

```
//时序电路描述状态输出
always @(posedge dri_clk or negedge rst_n) begin
    //复位初始化
    if(!rst_n) begin
          scl         <= 1'b1;
          sda_out     <= 1'b1;
          sda_dir     <= 1'b1;
          i2c_done    <= 1'b0;
          i2c_ack     <= 1'b0;
          cnt         <= 1'b0;
          st_done     <= 1'b0;
          data_r      <= 1'b0;
          i2c_data_r  <= 1'b0;
          wr_flag     <= 1'b0;
          addr_t      <= 1'b0;
          data_wr_t   <= 1'b0;
    end
    else begin
          st_done <= 1'b0;
          cnt  <= cnt +1'b1;
          case(cur_state)
               st_idle: begin             //空闲状态
                   scl   <= 1'b1;
                   sda_out <= 1'b1;
                   sda_dir <= 1'b1;
                   i2c_done<= 1'b0;
                   cnt   <= 7'b0;
                   if(i2c_exec) begin
                          wr_flag <= i2c_rh_wl;
                          addr_t <= i2c_addr;
                          data_wr_t <= i2c_data_w;
                          i2c_ack <= 1'b0;
                   end
               end
               st_sladdr: begin           //写地址(器件地址和字地址)
                    case(cnt)
                         7'd1 : sda_out <= 1'b0;    //开始IIC
                         7'd3 : scl <= 1'b0;
```

```
7'd4 : sda_out <= SLAVE_ADDR[6]; //传送器件地址
7'd5 : scl <= 1'b1;
7'd7 : scl <= 1'b0;
7'd8 : sda_out <= SLAVE_ADDR[5];
7'd9 : scl <= 1'b1;
7'd11: scl <= 1'b0;
7'd12: sda_out <= SLAVE_ADDR[4];
7'd13: scl <= 1'b1;
7'd15: scl <= 1'b0;
7'd16: sda_out <= SLAVE_ADDR[3];
7'd17: scl <= 1'b1;
7'd19: scl <= 1'b0;
7'd20: sda_out <= SLAVE_ADDR[2];
7'd21: scl <= 1'b1;
7'd23: scl <= 1'b0;
7'd24: sda_out <= SLAVE_ADDR[1];
7'd25: scl <= 1'b1;
7'd27: scl <= 1'b0;
7'd28: sda_out <= SLAVE_ADDR[0];
7'd29: scl <= 1'b1;
7'd31: scl <= 1'b0;
7'd32: sda_out <= 1'b0;          //0代表写
7'd33: scl <= 1'b1;
7'd35: scl <= 1'b0;
7'd36: begin
     sda_dir <= 1'b0;
     sda_out <= 1'b1;
end
7'd37: scl  <= 1'b1;
7'd38: begin                     //从机应答
     st_done <= 1'b1;
     if(sda_in == 1'b1)          //高电平表示未应答
          i2c_ack <= 1'b1;       //拉高应答标志位
end
7'd39: begin
     scl <= 1'b0;
     cnt <= 1'b0;
end
```

```
            default :;
        endcase
    end
st_addr16: begin
    case(cnt)
            7'd0 : begin
                sda_dir <= 1'b1;
                sda_out <= addr_t[15];    //传送字地址
            end
            7'd1 : scl <= 1'b1;
            7'd3 : scl <= 1'b0;
            7'd4 : sda_out <= addr_t[14];
            7'd5 : scl <= 1'b1;
            7'd7 : scl <= 1'b0;
            7'd8 : sda_out <= addr_t[13];
            7'd9 : scl <= 1'b1;
            7'd11: scl <= 1'b0;
            7'd12: sda_out <= addr_t[12];
            7'd13: scl <= 1'b1;
            7'd15: scl <= 1'b0;
            7'd16: sda_out <= addr_t[11];
            7'd17: scl <= 1'b1;
            7'd19: scl <= 1'b0;
            7'd20: sda_out <= addr_t[10];
            7'd21: scl <= 1'b1;
            7'd23: scl <= 1'b0;
            7'd24: sda_out <= addr_t[9];
            7'd25: scl <= 1'b1;
            7'd27: scl <= 1'b0;
            7'd28: sda_out <= addr_t[8];
            7'd29: scl <= 1'b1;
            7'd31: scl <= 1'b0;
            7'd32: begin
                sda_dir <= 1'b0;
                sda_out <= 1'b1;
            end
            7'd33: scl <= 1'b1;
            7'd34: begin                  //从机应答
```

```
              st_done <= 1'b1;
              if(sda_in == 1'b1)                //高电平表示未应答
                   i2c_ack <= 1'b1;            //拉高应答标志位
            end
            7'd35: begin
                scl <= 1'b0;
                cnt <= 1'b0;
            end
            default :;
        endcase
    end
    st_addr8: begin
        case(cnt)
            7'd0: begin
              sda_dir <= 1'b1;
              sda_out <= addr_t[7];             //字地址
            end
            7'd1 : scl <= 1'b1;
            7'd3 : scl <= 1'b0;
            7'd4 : sda_out <= addr_t[6];
            7'd5 : scl <= 1'b1;
            7'd7 : scl <= 1'b0;
            7'd8 : sda_out <= addr_t[5];
            7'd9 : scl <= 1'b1;
            7'd11: scl <= 1'b0;
            7'd12: sda_out <= addr_t[4];
            7'd13: scl <= 1'b1;
            7'd15: scl <= 1'b0;
            7'd16: sda_out <= addr_t[3];
            7'd17: scl <= 1'b1;
            7'd19: scl <= 1'b0;
            7'd20: sda_out <= addr_t[2];
            7'd21: scl <= 1'b1;
            7'd23: scl <= 1'b0;
            7'd24: sda_out <= addr_t[1];
            7'd25: scl <= 1'b1;
            7'd27: scl <= 1'b0;
            7'd28: sda_out <= addr_t[0];
```

```
            7'd29: scl <= 1'b1;
            7'd31: scl <= 1'b0;
            7'd32: begin
                  sda_dir <= 1'b0;
                  sda_out <= 1'b1;
            end
            7'd33: scl  <= 1'b1;
            7'd34: begin                  //从机应答
                  st_done <= 1'b1;
                  if(sda_in == 1'b1)       //高电平表示未应答
                        i2c_ack <= 1'b1;  //拉高应答标志位
            end
            7'd35: begin
                  sscl <= 1'b0;
                  scnt <= 1'b0;
            end
            default :;
        endcase
    end
    st_data_wr: begin       //写数据(8 bit)
        case(cnt)
            7'd0: begin
                 sda_out <= data_wr_t[7];        //IIC写8位数据
                 sda_dir <= 1'b1;
            end
            7'd1 : scl <= 1'b1;
            7'd3 : scl <= 1'b0;
            7'd4 : sda_out <= data_wr_t[6];
            7'd5 : scl <= 1'b1;
            7'd7 : scl <= 1'b0;
            7'd8 : sda_out <= data_wr_t[5];
            7'd9 : scl <= 1'b1;
            7'd11: scl <= 1'b0;
            7'd12: sda_out <= data_wr_t[4];
            7'd13: scl <= 1'b1;
            7'd15: scl <= 1'b0;
            7'd16: sda_out <= data_wr_t[3];
            7'd17: scl <= 1'b1;
```

```
        7'd19: scl <= 1'b0;
        7'd20: sda_out <= data_wr_t[2];
        7'd21: scl <= 1'b1;
        7'd23: scl <= 1'b0;
        7'd24: sda_out <= data_wr_t[1];
        7'd25: scl <= 1'b1;
        7'd27: scl <= 1'b0;
        7'd28: sda_out <= data_wr_t[0];
        7'd29: scl <= 1'b1;
        7'd31: scl <= 1'b0;
        7'd32: begin
            sda_dir <= 1'b0;
            sda_out <= 1'b1;
        end
        7'd33: scl <= 1'b1;
        7'd34: begin                          //从机应答
            st_done <= 1'b1;
            if(sda_in == 1'b1)                //高电平表示未应答
                i2c_ack <= 1'b1;              //拉高应答标志位
        end
        7'd35: begin
            scl <= 1'b0;
            cnt <= 1'b0;
        end
        default :;
      endcase
    end
    st_addr_rd: begin                         //写地址以进行读数据
      case(cnt)
        7'd0 : begin
            sda_dir <= 1'b1;
            sda_out <= 1'b1;
        end
        7'd1 : scl <= 1'b1;
        7'd2 : sda_out <= 1'b0;               //重新开始
        7'd3 : scl <= 1'b0;
        7'd4 : sda_out <= SLAVE_ADDR[6]; //传送器件地址
        7'd5 : scl <= 1'b1;
```

```
    7'd7 : scl <= 1'b0;
    7'd8 : sda_out <= SLAVE_ADDR[5];
    7'd9 : scl <= 1'b1;
    7'd11: scl <= 1'b0;
    7'd12: sda_out <= SLAVE_ADDR[4];
    7'd13: scl <= 1'b1;
    7'd15: scl <= 1'b0;
    7'd16: sda_out <= SLAVE_ADDR[3];
    7'd17: scl <= 1'b1;
    7'd19: scl <= 1'b0;
    7'd20: sda_out <= SLAVE_ADDR[2];
    7'd21: scl <= 1'b1;
    7'd23: scl <= 1'b0;
    7'd24: sda_out <= SLAVE_ADDR[1];
    7'd25: scl <= 1'b1;
    7'd27: scl <= 1'b0;
    7'd28: sda_out <= SLAVE_ADDR[0];
    7'd29: scl <= 1'b1;
    7'd31: scl <= 1'b0;
    7'd32: sda_out <= 1'b1;    //1代表读
    7'd33: scl <= 1'b1;
    7'd35: scl <= 1'b0;
    7'd36: begin
        sda_dir <= 1'b0;
        sda_out <= 1'b1;
    end
    7'd37: scl  <= 1'b1;
    7'd38: begin       //从机应答
        st_done <= 1'b1;
        if(sda_in == 1'b1)    //高电平表示未应答
            i2c_ack <= 1'b1;    //拉高应答标志位
    end
    7'd39: begin
        scl <= 1'b0;
        cnt <= 1'b0;
    end
    default :;
endcase
```

```
end
st_data_rd: begin      //读取数据(8 bit)
   case(cnt)
     7'd0: sda_dir <= 1'b0;
     7'd1: begin
          data_r[7] <= sda_in;
          scl  <= 1'b1;
     end
     7'd3: scl <= 1'b0;
     7'd5: begin
          data_r[6] <= sda_in;
          scl  <= 1'b1;
     end
     7'd7: scl <= 1'b0;
     7'd9: begin
          data_r[5] <= sda_in;
          scl  <= 1'b1;
     end
     7'd11: scl <= 1'b0;
     7'd13: begin
          data_r[4] <= sda_in;
          scl  <= 1'b1;
     end
     7'd15: scl <= 1'b0;
     7'd17: begin
          data_r[3] <= sda_in;
          scl  <= 1'b1;
     end
     7'd19: scl <= 1'b0;
     7'd21: begin
          data_r[2] <= sda_in;
          scl  <= 1'b1;
     end
     7'd23: scl <= 1'b0;
     7'd25: begin
          data_r[1] <= sda_in;
          scl  <= 1'b1;
     end
```

```
        7'd27: scl <= 1'b0;
        7'd29: begin
             data_r[0] <= sda_in;
             scl   <= 1'b1;
        end
        7'd31: scl <= 1'b0;
        7'd32: begin
             sda_dir <= 1'b1;
             sda_out <= 1'b1;
        end
        7'd33: scl  <= 1'b1;
        7'd34: st_done <= 1'b1;                    //非应答
        7'd35: begin
             scl <= 1'b0;
             cnt <= 1'b0;
             i2c_data_r <= data_r;
        end
        default :;
    endcase
  end
  st_stop: begin                            //结束IIC操作
     case(cnt)
        7'd0: begin
             sda_dir <= 1'b1;               //结束IIC
             sda_out <= 1'b0;
        end
        7'd1 : scl  <= 1'b1;
        7'd3 : sda_out <= 1'b1;
        7'd15: st_done <= 1'b1;
        7'd16: begin
             cnt  <= 1'b0;
             i2c_done <= 1'b1;              //向上层模块传递IIC结束信号
        end
        default :;
     endcase
   end
 endcase
end
```

```
end

endmodule

//子模块
timescale 1ns/1ns
`define timeslice 1250
module EEPROM_AT24C64(
scl,
sda
);
input scl;
inout sda;
reg out_flag;
reg[7:0] memory[8191:0];
reg[12:0]address;
reg[7:0]memory_buf;
reg[7:0]sda_buf;
reg[7:0]shift;
reg[7:0]addr_byte_h;
reg[7:0]addr_byte_l;
reg[7:0]ctrl_byte;
reg[1:0]State;
integer i;
//-----------------------------
parameter
r7 = 8'b1010_1111, w7 = 8'b1010_1110, //main7
r6 = 8'b1010_1101, w6 = 8'b1010_1100, //main6
r5 = 8'b1010_1011, w5 = 8'b1010_1010, //main5
r4 = 8'b1010_1001, w4 = 8'b1010_1000, //main4
r3 = 8'b1010_0111, w3 = 8'b1010_0110, //main3
r2 = 8'b1010_0101, w2 = 8'b1010_0100, //main2
r1 = 8'b1010_0011, w1 = 8'b1010_0010, //main1
r0 = 8'b1010_0001, w0 = 8'b1010_0000; //main0
assign sda = (out_flag == 1) ? sda_buf[7] : 1'bz;

initial
begin
```

```
addr_byte_h = 0;
addr_byte_l = 0;
ctrl_byte = 0;
out_flag = 0;
sda_buf = 0;
State = 2'b00;
memory_buf = 0;
address = 0;
shift = 0;
for(i=0;i<=8191;i=i+1)
memory[i] = 0;
end
always@(negedge sda)
begin
if(scl == 1)
begin
State = State + 1;
if(State == 2'b11)
disable write_to_eeprom;
end
end

always@(posedge sda)
begin
if(scl == 1)
stop_W_R;
else
begin
casex(State)
2'b01:begin
read_in;
if(ctrl_byte == w7 || ctrl_byte == w6
|| ctrl_byte == w5 || ctrl_byte == w4
|| ctrl_byte == w3 || ctrl_byte == w2
|| ctrl_byte == w1 || ctrl_byte == w0)
begin
State = 2'b10;
write_to_eeprom;
```

```
end
else
State = 2'b00;
end
2'b11:
read_from_eeprom;
default:
State = 2'b00;
endcase
end
end
task stop_W_R;
begin
State = 2'b00;
addr_byte_h = 0;
addr_byte_l = 0;
ctrl_byte = 0;
out_flag = 0;
sda_buf = 0;
end
endtask

task read_in;
begin
shift_in(ctrl_byte);
shift_in(addr_byte_h);
shift_in(addr_byte_l);
end
endtask

task write_to_eeprom;
begin
shift_in(memory_buf);
address = {addr_byte_h[4:0], addr_byte_l};
memory[address] = memory_buf;
State = 2'b00;
end
endtask
```

```
task read_from_eeprom;
begin
shift_in(ctrl_byte);
if(ctrl_byte == r7 || ctrl_byte == w6
|| ctrl_byte == r5 || ctrl_byte == r4
|| ctrl_byte == r3 || ctrl_byte == r2
|| ctrl_byte == r1 || ctrl_byte == r0)
begin
address = {addr_byte_h[4:0], addr_byte_l};
sda_buf = memory[address];
shift_out;
State = 2'b00;
end
end
endtask
task shift_in;
output[7:0]shift;
begin
@(posedge scl) shift[7] = sda;
@(posedge scl) shift[6] = sda;
@(posedge scl) shift[5] = sda;
@(posedge scl) shift[4] = sda;
@(posedge scl) shift[3] = sda;
@(posedge scl) shift[2] = sda;
@(posedge scl) shift[1] = sda;
@(posedge scl) shift[0] = sda;
@(negedge scl)
begin
#(`timeslice);
out_flag = 1;
sda_buf = 0;
end
@(negedge scl)
begin
#(`timeslice-250);
out_flag = 0;
end
```

```
end
endtask
task shift_out;
begin
out_flag = 1;
for(i=6; i>=0; i=i-1)
begin
@(negedge scl);
#`timeslice;
sda_buf = sda_buf << 1;
end
@(negedge scl) #`timeslice sda_buf[7] = 1;
@(negedge scl) #`timeslice out_flag = 0;
end
endtask
endmodule
```

10.2.2 SPI 通信

SPI（Serial Peripheral Interface 的缩写）同步串行通信接口，顾名思义就是串行外围设备接口。SPI 是一种高速的、全双工、同步通信总线，标准的 SPI 也仅仅使用 4 个引脚，常用于单片机和 EEPROM、FLASH、实时时钟、数字信号处理器等器件的通信。SPI 的通信原理比 IIC 要简单，它主要是主从方式通信，这种模式通常只有一个主机和一个或者多个从机。标准的 SPI 是 4 根线，分别是 /SS(片选，也写作 SCS)、SCLK(时钟，也写作 SCK)、MOSI(主机输出从机输入，Master Output/Slave Input) 和 MISO(主机输入从机输出，Master Input/Slave Output)。

/SS：从设备片选使能信号。如果从设备是低电平使能的话，当拉低这个引脚后，从设备就会被选中，主机和这个被选中的从机（从设备）进行通信。

SCLK：时钟信号。由主机产生，和 IIC 通信的 SCL 有点类似。

MOSI：主机给从机发送指令或者数据的通道。

MISO：主机读取从机的状态或者数据的通道。

（1）SPI 的特点

① 采用主-从模式(Master-Slave)的控制方式：SPI协议规定了两个 SPI 设备之间的通信必须由主设备(Master)来控制从设备(Slave)，一个 Master 设备可以通过提供Clock以及对Slave设备进行片选(Slave Select)来控制多个Slave设备。SPI协议还规定Slave设备的Clock由Master设备通过SCK引脚提供给Slave设备，Slave设备本身不能产生或控制Clock，没有Clock则Slave设备不能正常工作。

② 采用同步方式 (Synchronous) 传输数据：Master 设备会根据将要交换的数据来产生相应的时钟脉冲 (Clock Pulse)，时钟脉冲组成了时钟信号 (Clock Signal)，时钟信号通过时钟极性 (CPOL) 和时钟相位 (CPHA) 控制着两个 SPI 设备间何时进行数据交换以及何时对接收到的数据进行采样，来保证数据在两个设备之间是同步传输的。

③ 数据交换 (Data Exchange)：SPI 设备间的数据传输之所以又被称为数据交换，是因为 SPI 协议规定一个 SPI 设备不能在数据通信过程中仅仅只充当一个“发送者 (Transmitter)”或者“接收者 (Receiver)”。在每个 Clock 周期内，SPI 设备都会发送并接收一个 bit 大小的数据，相当于该设备有一个 bit 大小的数据被交换了。一个 Slave 设备要想能够接收到 Master 发过来的控制信号，必须在此之前能够被 Master 设备进行访问 (Access)。所以，Master 设备必须首先通过 /SS 引脚对 Slave 设备进行片选，把想要访问的 Slave 设备选上。在数据传输的过程中，每次接收到的数据必须在下一次数据传输之前被采样，如果之前接收到的数据没有被读取，那么这些已经接收完成的数据将有可能会被丢弃，导致 SPI 物理模块最终失效。因此，在程序中一般都会在 SPI 传输完数据后，去读取 SPI 设备里的数据，即使这些数据 (Dummy Data) 在我们的程序里是无用的。

（2）SPI 的四种传输模式

上升沿、下降沿、前沿、后沿触发四种传输模式。当然也有 MSB 和 LSB 传输方式。

SPI 单从设备连接图见图 10-26。

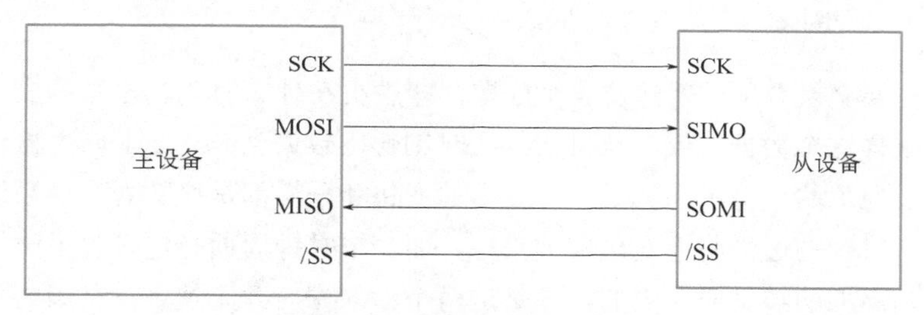

图 10-26　SPI 单从设备连接图

SPI 多从设备连接图见图 10-27。

在某些情况下，我们也可以用 3 根线的 SPI 或者 2 根线的 SPI 进行通信。比如主机只给从机发送命令，从机不需要回复数据的时候，那么 MISO 就可以不要；而在主机只读取从机的数据，不需要给从机发送指令的时候，那么 MOSI 可以不要；当只有一个主机一个从机的时候，从机的片选有时可以固定为有效电平而一直处于使能状态，那么 /SS 可以不要；此时如果再加上主机只给从机发送数据，那么 /SS 和 MISO 都可以不要；如果主机只读取从机送来的数据，/SS 和 MOSI 都可以不要。实际使用中也是有应用的，但是当我们提及 SPI 的时候，一般都是指标准 SPI，即 4 根线的这种形式。

SPI 通信的主机也就是我们的单片机，在读写数据时序的过程中，有四种模式，要了解这四种模式，首先我们需要学习两个名词。

· CPOL:Clock Polarity，就是时钟的极性。

时钟的极性是什么概念呢？通信的整个过程分为空闲时刻和通信时刻，SCK 在数据发送

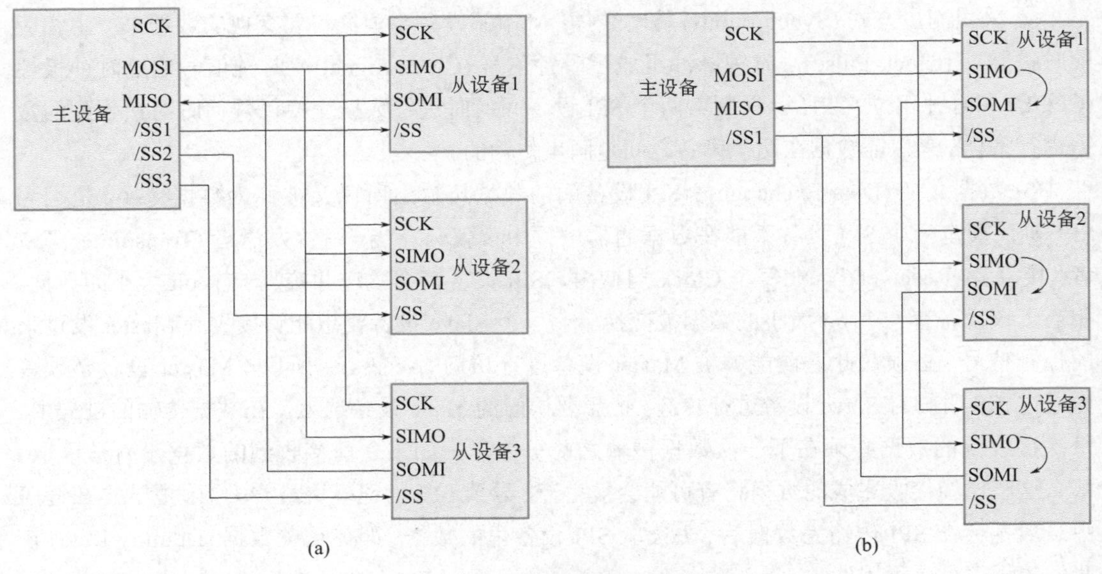

图10-27 SPI 多从设备连接图

之前和发送之后的空闲状态是高电平，那么 CPOL=1；如果空闲状态 SCK 是低电平，那么 CPOL=0。

- CPHA:Clock Phase，就是时钟的相位。

主机和从机要交换数据，就涉及一个问题，即主机在什么时刻输出数据到 MOSI 上而从机在什么时刻采样这个数据，或者从机在什么时刻输出数据到 MISO 上而主机什么时刻采样这个数据。同步通信的一个特点就是所有数据的变化和采样都是伴随着时钟沿进行的，也就是说数据总是在时钟的边沿附近变化或被采样。而一个时钟周期必定包含了一个上升沿和一个下降沿，这是周期的定义所决定的，只是这两个沿的先后并无规定。又因为数据从产生的时刻到它的稳定是需要一定时间的，那么，如果主机在上升沿输出数据到 MOSI 上，从机就只能在下降沿去采样这个数据了。反之，如果一方在下降沿输出数据，那么另一方就必须在上升沿采样这个数据。

CPHA=1，就表示数据的输出是在一个时钟周期的第一个沿上，至于这个沿是上升沿还是下降沿，这要由 CPOL 的值而定，CPOL=1 那就是下降沿，反之就是上升沿，那么数据的采样自然就是在第二个沿上了。

CPHA=0，就表示数据的采样是在一个时钟周期的第一个沿上，同样它是什么沿由 CPOL 的值决定，那么数据的输出自然就在第二个沿上了。

仔细想这里会有一个问题：就是当一帧数据开始传输第一 bit 时，在第一个时钟沿上就采样该数据了，那么它是在什么时候输出来的呢？有两种情况：一是 /SS 使能的边沿，二是上一帧数据的最后一个时钟沿。有时两种情况还会同时生效。

以 CPOL=1/CPHA=1 为例，时序图如图 10-28 所示。当数据未发送时以及发送完毕后，SCK 都是高电平，因此 CPOL=1。可以看出，在 SCK 第一个沿的时候，MOSI 和 MISO 会发生变化，同时在 SCK 第二个沿的时候，数据是稳定的，此刻采样数据是合适的，也就是上

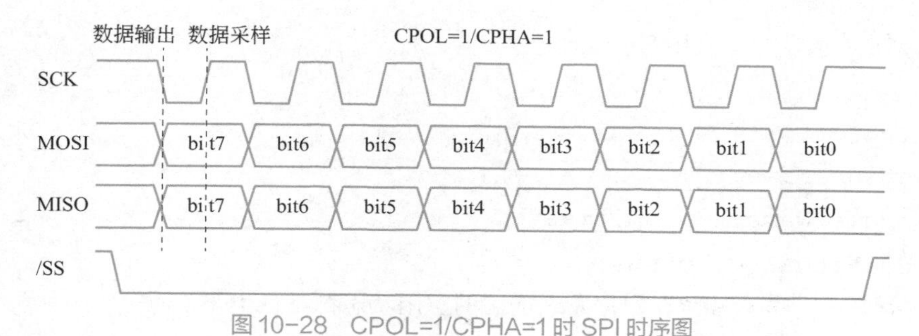

图 10-28　CPOL=1/CPHA=1 时 SPI 时序图

升沿即一个时钟周期的后沿锁存读取数据，即 CPHA=1。注意最后最隐蔽的 /SS 片选，一般情况下，这个引脚通常用来决定是哪个从机和主机进行通信。剩余的三种模式，简化起见把 MOSI 和 MISO 合在一起，如图 10-29 所示。

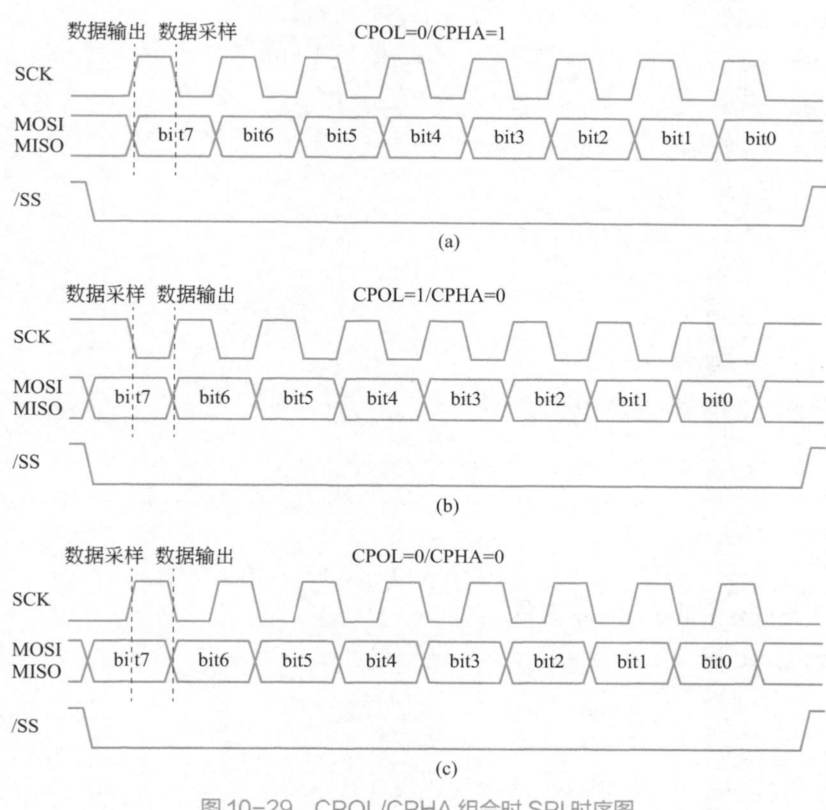

图 10-29　CPOL/CPHA 组合时 SPI 时序图

- 优点：没有起始和停止位，因此数据可以连续流式传输而不会中断，没有复杂的从机寻址系统，如 IIC，比 IIC 更高的数据传输速率（几乎快两倍），单独的 MISO 和 MOSI 线，因此可以同时发送和接收数据。
- 缺点：使用四根线（IIC 和 UART 使用两根）无法确认数据已成功接收（IIC 已执行此操作），没有错误检查，如 UART 中的奇偶校验位仅允许单个主机。

当 CPOL= 0 以及 CPHA = 0 时的 Verilog HDL 设计为：

```
`timescale 1ns / 1ps
//
// Create Date:
// Design Name:
// Module Name:    spi_master
// Additional Comments:
// CPOL = 0 => SCK在数据发送前后的空闲状态都是低电平
// CPHA = 0 =>数据采样在第一个时钟周期的第一个沿，数据输出在第二个沿
// clk = 100MHz,通过分频产生1MHz的SCK时钟
//
module spi_master(
    input mosi,
    input busy,
    input rst_n,
    input clk,
    input spi_send,
    input [7:0] spi_data_out,
    output reg sck,
    output reg miso,
    output reg cs,
    output reg spi_send_done
    );

    reg [3:0] count;

    //状态机分为四个状态：等待
    localparam IDLE = 0,
               CS_L = 1,
               DATA = 2,
               FINISH = 3;

    reg [4:0] cur_st,nxt_st;
    reg [7:0] reg_data;
    reg sck_reg;
    reg [8:0] delay_count;

    //时钟分频
    always@(posedge clk) begin
```

```
    if(!rst_n) delay_count <= 0;
    else if(delay_count == 49) delay_count <= 0;
    else delay_count <= delay_count + 1;
end

//产生一个1MHz的时钟
always@(posedge clk) begin
    if(!rst_n) sck_reg <= 0;
    else if(delay_count == 49) sck_reg <= !sck_reg;
end

//SCK只有在CS拉低时才变化，其他都为低，响应CPOL = 0，SCK在数据发送前后的
//空闲状态都为低
always@(*) begin
    if(cs) sck = 0;  //CS为高，则没有选中从设备；
    else if(cur_st == FINISH) sck = 0;
    else if(!cs) sck = sck_reg;
    else sck = 1;
end

//状态机部分
always@(posedge sck_reg) begin
    if(!rst_n) cur_st <= IDLE;
    else cur_st <= nxt_st;
end

always@(*) begin
    nxt_st = cur_st;
    case(cur_st)
        IDLE: if(spi_send) nxt_st = CS_L;
        CS_L: nxt_st = DATA;
        DATA: if(count == 7) nxt_st = FINISH;
        FINISH: if(busy) nxt_st = IDLE;
        default: nxt_st = IDLE;
    endcase
end

//产生发送结束标志
```

```
    always@(*) begin
       if(!rst_n) spi_send_done = 0;
       else if(cur_st == FINISH) spi_send_done = 1;
       else spi_send_done = 0;
    end

    //产生CS
    always@(posedge sck_reg) begin
       if(!rst_n) cs <= 1;
       else if(cur_st == CS_L) cs <= 0;
       else if(cur_st == DATA) cs <= 0;
       else cs <= 1;
    end

    //发送数据计数
    always@(posedge sck_reg) begin
       if(!rst_n) count <= 0;
       else if(cur_st == DATA) count <= count + 1;
       else if(cur_st == IDLE|cur_st == FINISH) count <= 0;
    end

    //MISO数据
    always@(negedge sck_reg) begin
       if(!rst_n) miso <= 0;
       else if(cur_st == DATA) begin
               reg_data[7:1] <= reg_data[6:0];
               miso <= reg_data[7];
       end
       else if(spi_send) reg_data <= spi_data_out;
    end
endmodule
```

下面给出其Verilog HDL实现，这里主设备用读命令和写命令来控制数据的输入和输出，并且对于一个字节的数据读和写分别用一个任务实现，代码如下：

```
    module spi(clk,rd,wr,rst,data_in,si,so,sclk,cs,data_out);

       parameter
    bit7=4'd0,bit6=4'd1,bit5=4'd2,bit4=4'd3,bit3=4'd4,bit2=4'd5,bit1=4'd6,
bit0=4'd7,bit_end=4'd8;
       parameter
```

```
    bit70=4'd0,bit60=4'd1,bit50=4'd2,bit40=4'd3,bit30=4'd4,bit20=4'd
5,bit10=4'd6,bit00=4'd7,bit_end0=4'd8;

    parameter size=8;

    input clk,rst;
    input wr,rd;//读写命令
    input si;//SPI数据输入端
    input [size-1:0]data_in;//待发送的数据

    output[size-1:0]data_out;//待接收的数据
    output sclk;//SPI中的时钟
    output so;//SPI的发送端
    output cs;//片选信号

    wire [size-1:0]data_out;
    reg [size-1:0]dout_buf;
    reg FF;
    reg sclk;
    reg so;
    reg cs;

    reg [3:0]send_state;//发送状态寄存器
    reg [3:0]receive_state;//接收状态寄存器

    always@(posedge clk)
    begin
        if(!rst)
        begin
            sclk<=0;
            cs<=1;
        end
        else
        begin
            if(rd|wr)
            begin
                sclk<=~sclk;//当开始读或者写的时候，需要启动时钟
              cs<=0;
```

```
        end
        else
        begin
            sclk=0;
            cs<=1;
        end
      end
    end


    always@(posedge sclk)//发送数据
    begin
        if(wr)
        begin
            send_state <= bit7;
            send_data;
        end
    end

    always@(posedge sclk)//接收数据
    begin
        if(rd)
        begin
            receive_state<=bit70;
            FF<=0;
            receive_data;
        end
    end

    assign data_out=(FF==1)?dout_buf:8'hz;

    task send_data;//发送数据任务
    begin
        case(send_state)
        bit7:
            begin
                so<=data_in[7];
                send_state<=bit6;
            end
```

```
bit6:
   begin
       so<=data_in[6];
       send_state<=bit5;
   end
bit5:
   begin
       so<=data_in[5];
       send_state<=bit4;
   end
bit4:
   begin
       so<=data_in[4];
       send_state<=bit3;
   end
bit3:
   begin
       so<=data_in[3];
       send_state<=bit2;
   end
bit2:
   begin
       so<=data_in[2];
       send_state<=bit1;
   end
bit1:
   begin
       so<=data_in[1];
       send_state<=bit0;
   end
bit0:
   begin
       so<=data_in[0];
       send_state<=bit_end;
   end
bit_end:
   begin
       so=1'bz;
```

```
            send_state<=bit7;
        end
    endcase
end
endtask

task receive_data;
begin
    case (receive_state)
    bit70:
        begin
            dout_buf[7]<=si;
            receive_state<=bit60;
        end
    bit60:
        begin
            dout_buf[6]<=si;
            receive_state<=bit50;
        end
    bit50:
        begin
            dout_buf[5]<=si;
            receive_state<=bit40;
        end
    bit40:
        begin
            dout_buf[4]<=si;
            receive_state<=bit30;
        end
    bit30:
        begin
            dout_buf[3]<=si;
            receive_state<=bit20;
        end
    bit20:
        begin
            dout_buf[2]<=si;
            receive_state<=bit10;
```

```
            end
        bit10:
            begin
                dout_buf[1]<=si;
                receive_state<=bit00;
            end
        bit00:
            begin
                dout_buf[0]<=si;
                receive_state<=bit_end;
                FF<=1;
            end
        bit_end0:
            begin
                dout_buf<=8'hzz;
                receive_state<=bit70;
            end
        endcase
    end
    endtask

endmodule
```

10.2.3　串口通信设计

（1）串行通信

UART（Universal Asynchronous Receiver/Transmitter，通用异步接收发送设备）就是通常所说的串口，是一种通用串行数据传输总线，可以实现全双工传输。UART 已经是一种最基本的模块，其发送和接收是两个完全独立的通路，分别是发送“TX”和接收“RX”通道，既然是独立的通路，发送和接收端又没有时钟参考，所以从协议上规定了串行通信必须按一定的数据速率来接收和发送，这个速度定义为“波特率”，即每秒发送的数据的位数。常用的波特率有：9600/38100/57600/115200……。波特率稳定后，每一位所占用的时间就可以计算出来，例如 115200bps，每一位的周期为 1/115200μs=8.68μs，因此用开发板上的计数器对外部 50MHz 时钟进行计数的话，计数值为 8680ns/20ns=434。

串行通信的基本特征是数据逐位顺序进行传送，串行通信的格式及约定（如：同步方式、通信速率、数据块格式、信号电平等）不同，形成了多种串行通信的协议与接口标准。

常见的有：通用异步接收发送设备 (UART)、通用串行总线（USB）、IIC 总线、CAN 总线、SPI 总线、RS-232C、RS-485、RS422A 标准等。

如图 10-30 所示，串行通信的种类按功能分主要有：

单工：单向的（或者是收或者是发）；

半双工：(串行通信) 收 / 发不可同时进行；

全双工：(串行通信) 收 / 发可同时进行。

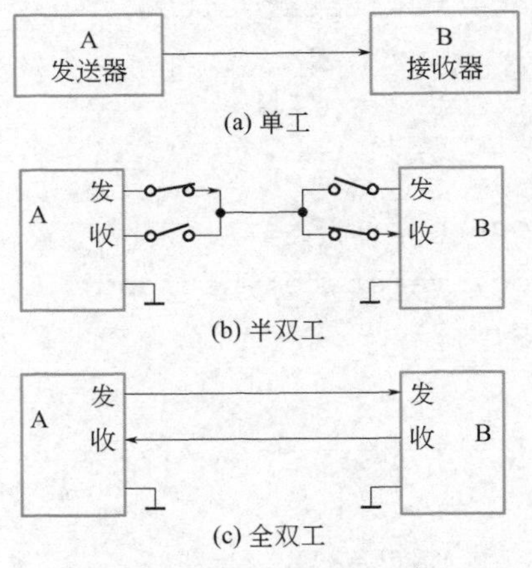

图 10-30　串行通信的种类

（2）并行、串行通信的对比

并行通信是数据的各位同时收发，串行通信是数据一位一位按次序发送或接收，如图 10-31 所示分别是并行通信和串行通信。

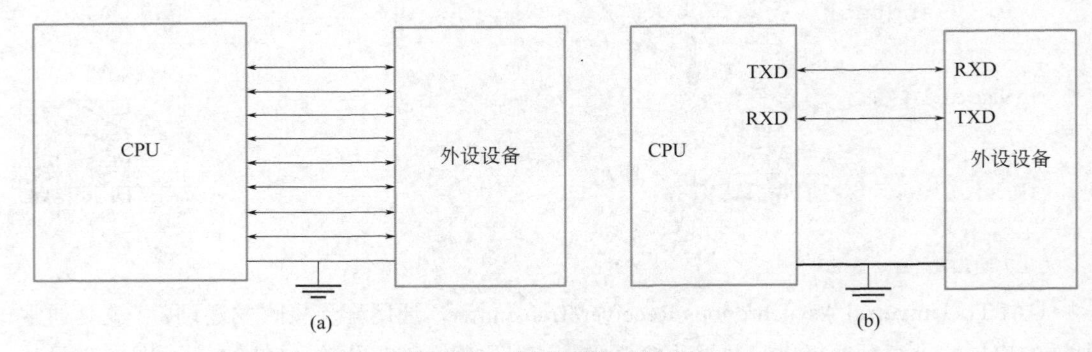

图 10-31　并行通信和串行通信

（3）串行通信的帧结构

完整的数据帧第一位为起始位，始终为 0，最后一位为停止位，始终为 1。如图 10-32 所示。奇偶校验是检验串行通信双方传输的数据正确与否的一个措施，如果奇偶校验发生错误，表明数据传输一定出错了；如果奇偶校验没有出错，绝不等于数据传输完全正确。

所谓奇校验就是 8 位有效数据连同 1 位附加位中二进制数“1”的个数为奇数，而偶校验是 8 位有效数据连同 1 位附加位中二进制“1”的个数为偶数。

以采用奇校验为例，在发送端若发送的 8 位有效数据中“1”的个数为偶数，则要人为添加一个附加位“1”一起发送；若发送的 8 位有效数据中“1”的个数为奇数，则要人为添加一个附加位“0”一起发送。在接收端若接收到的 9 位数据中“1”的个数为奇数，则表明接收正

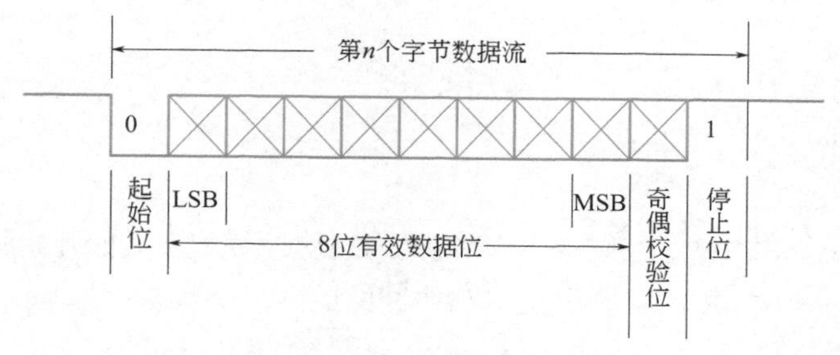

图10-32 串行通信的数据帧

确，取出8位有效数据即可；若接收到的9位数据中“1”的个数为偶数，则表明接收出错，应当进行出错处理，采用偶校验时处理方法相反。

[例2]串口收发设计。

例程功能：利用串口打印出“hello word!”并接收上位机数据将其显示在数码管上。

```
//顶层模块
module UART_CTL
   (
   CLK,
   RST_B,

   UART_RX,
   UART_TX,

   TU_SEL,
   TU_DATA
   );
input     CLK;                    //系统全局时钟
input     RST_B;                  //系统全局复位

input     UART_RX;
output    UART_TX;                //发送到外部的数据总线

output   [7:0] TUBE_SEL;          //数码管的位选信号
output   [7:0] TU_DATA;           //数码管的数据总线

wire      CLK;
wire      RST_B;

wire      UART_RX;
wire      UART_TX;
```

```
wire [7: 0]  TU_SEL;
wire [7: 0]  TU_DATA;

reg          START;          //定义为启动TX模块发送的开始脉冲
reg          START_N;        //START 的下一个状态

reg [1:0]    IME_COUNT;      //TIME_COUNT 计数器用于计数每位的周期
wire [1:0]   TIME_COUNT_N;   //TIME_COUNT 的下一个状态

reg [4:0]    BYTE_COUNT;     //用于计数要发送的字符数
reg [4:0]    BYTE_COUNT_N;   //BYTE_COUNT 的下一个状态

reg [7:0]    TX_DATA;        //要发送的数据放在这里
reg [7:0]    TX_DATA_N;      //TX_DATA的下一个状态

wire         TX_BUSY;        //接收来自UART_TX的握手状态信号

wire[7:0]    UART_RX_DATA;   //接收到的串行数据组成的一个完整字节

always @ (posedge CLK or negedge RST_B)
begin
  if(!RST_B)
     START <=  1'h0;
  else
     START <=  START_N;
end

// 如果 UART_TX 不忙就启动开始命令发送数据
always @ (*)
begin
  if((!TX_BUSY) && (BYTE_COUNT != 5'hf))
     START_N = 1'h1;
  else
     START_N = 1'h0;
end

always @ (posedge CLK or negedge RST_B)
```

```
begin
  if(!RST_B)
     BYTE_COUNT <=  5'h1F;
  else
     BYTE_COUNT <=  BYTE_COUNT_N;
end

// BYTE 计数器计数要发送的数据个数
always @ (*)
begin
  if(BYTE_COUNT == 5'hf)
     BYTE_COUNT_N = BYTE_COUNT;
  else if((!START) && (START_N))
     BYTE_COUNT_N = BYTE_COUNT + 5'h1;
  else
     BYTE_COUNT_N = BYTE_COUNT;
end

//发送时要加载的字符的ASCII
always @ (posedge CLK or negedge RST_B)
begin
  if(!RST_B)
     TX_DATA <=  8'hff;
  else
     TX_DATA <=  TX_DATA_N;
end

//下面发送到端口："hello world !"，通过显示终端可以看得到
always @ (*)
begin
  case (BYTE_COUNT)
    5'h0 : TX_DATA_N = 8'h20;     //空格

    5'h1 : TX_DATA_N = 8'h68;     //字母h
    5'h2 : TX_DATA_N = 8'h65;     //字母e
    5'h3 : TX_DATA_N = 8'h6c;     //字母l
    5'h4 : TX_DATA_N = 8'h6c;     //字母l
    5'h5 : TX_DATA_N = 8'h6f;     //字母o
```

```
    5'h6 : TX_DATA_N = 8'h20;  //空格

    5'h7 : TX_DATA_N = 8'h77;  //字母w
    5'h8 : TX_DATA_N = 8'h6f;  //字母o
    5'h9 : TX_DATA_N = 8'h72;  //字母r
    5'ha : TX_DATA_N = 8'h6c;  //字母l
    5'hb : TX_DATA_N = 8'h64;  //字母d

    5'hc : TX_DATA_N = 8'h20;  //空格
    5'hd : TX_DATA_N = 8'h21;  //!

    5'he : TX_DATA_N = 8'hd;  //字母LF
    5'hf : TX_DATA_N = 8'ha;  //字母CR
    default :  TX_DATA_N = TX_DATA;
  endcase
end

//示例DUT
//例化串口发送模块
UART_TX I_UART_TX
  (
      .CLK            (CLK),
      .RST_B          (RST_B),

      .START          (START),
      .TX_DATA        (TX_DATA),
      .UART_TX        (UART_TX),
      .TX_BUSY        (TX_BUSY)
  );

//例化串口接收模块，将发送的信号线直接引入到 UART_RX 来
//完成解析
UART_RX I_UART_RX
  (
      .CLK            (CLK),
      .RST_B          (RST_B),
      .UART_RX        (UART_RX),
```

```
        .UART_RX_DATA   (UART_RX_DATA)
    );
 DIGITAL_TUBE_CTL I_DIGITAL_TUBE_CTL
    (
        .RST_B          (RST_B),
        .CLK            (CLK),
        .HEX_TUBE_1     (5'h1f),
        .HEX_TUBE_2     (5'h1f),
        .HEX_TUBE_3     (5'h1f),
        .HEX_TUBE_4     (5'h1f),
        .HEX_TUBE_5     (5'h1f),
        .HEX_TUBE_6     (5'h1f),
        .HEX_TUBE_7     ({1'b0, UART_RX_DATA[7:4]}),
        .HEX_TUBE_8     ({1'b0, UART_RX_DATA[3:0]}),

    .TUBE_SEL           (TUBE_SEL),
    .TU_DATA            (TU_DATA)
    );
endmodule
//子模块1
module UART_TX
       (
       CLK,
       RST_B,

       START,
       TX_DATA,
       UART_TX,

       TX_BUSY
       );
input       CLK;       //系统时钟50MHz
input       RST_B;     //全局复位信号
input       START;     //由主控层发来的启动发送的脉冲
input[7:0]  TX_DATA;   //主控层传来的需要发送的数据
output      UART_TX;   //串口的串行输出数据线TX

output      TX_BUSY;   //控制层返回给主控层的“忙信号”，1表示正在发送中
```

```
wire        CLK;
wire        RST_B;

wire        START;
wire[7:0]   TX_DATA;
reg         UART_TX;

reg         TX_BUSY;

reg[8:0]  TIME_COUNT;      //系统时钟计数器，根据波特率计算每一位的时间
reg[8:0]  TIME_COUNT_N;    //TIME_COUNT 的下一个状态

reg[3:0]  COUNT_BIT;       //位计数器，在状态机中用来控制每个状态停留的时间
reg[3:0]  COUNT_BIT_N;     //COUNT_BIT 的下一个状态

reg[10:0]  SHIFT_DATA;     //输出移位寄存器，加上起始、校验、停止位共11位
reg[10:0]  SHIFT_DATA_N;   //SHIFT_DATA 的下一个状态

reg[2:0]  UART_TX_CS;      //发送状态机的当前状态
reg[2:0]  UART_TX_NS;      //发送状态机的下一个状态

reg       UART_TX_N;       //UART_TX 的下一个状态

reg       TX_BUSY_N;       //TX_BUSY 的下一个状态

reg[1:0]  START_REG;       //记录发送脉冲的边沿变化

reg       PARITY_CNT;
reg       PARITY_CNT_N;

parameter IDLE        = 3'h0; //状态机空闲状态
parameter SEND_START  = 3'h1; //状态机发送起始位的状态
parameter SEND_DATA   = 3'h2; //状态机发送8位数据的状态
parameter SEND_PARITY = 3'h3; //状态机发送校验位的状态
parameter SEND_STOP   = 3'h4; //状态机发送停止位的状态
parameter FINISH      = 3'h5; //状态机的结束状态

always @ (posedge CLK or negedge RST_B)
```

```
begin
  if(!RST_B)
    PARITY_CNT <=  1'h0;
  else
    PARITY_CNT <=  PARITY_CNT_N;
end

//奇偶校验位的产生，PARITY_CNT 为1 时，数据中1的个数为奇数，该位将在发送
//校验位时发送出去
//计算过程是独立的，属于并行的流水线架构

always @ (*)
begin
  if(UART_TX_CS == IDLE)
    PARITY_CNT_N = 1'h0;
  else if((TIME_COUNT == 9'h0) && (UART_TX_CS == SEND_DATA))
    PARITY_CNT_N = PARITY_CNT + SHIFT_DATA[0];
  else
    PARITY_CNT_N = PARITY_CNT;
end

always @ (posedge CLK or negedge RST_B)
begin
  if(!RST_B)
  START_REG <=  2'h0;
 else
  START_REG <=  {START_REG[0], START};
end

always @ (posedge CLK or negedge RST_B)
begin
  if(!RST_B)
    TX_BUSY <=  1'h0; //0 -> IDLE , 1->BUSY
  else
    TX_BUSY <=  TX_BUSY_N;
end

//BUSY 信号为忙时，是状态机不为 IDLE 的所有状态
```

```
always @ (*)
begin
  if(UART_TX_CS == IDLE)
    TX_BUSY_N = 1'h0;
  else
    TX_BUSY_N = 1'h1;
end

always @ (posedge CLK or negedge RST_B)
begin
  if(!RST_B)
    TIME_COUNT <=  9'h0;
  else
    TIME_COUNT <=  TIME_COUNT_N;
end

// 波特率为115200，每一位的周期是8.68μs，计数值为9'h1b2
// 这里计数范围为 0 ～ 9'h1b1
always @ (*)
begin
  if(TIME_COUNT == 9'h1B1)
    TIME_COUNT_N = 9'h0;
//不为IDLE时才会发送数据，也才需要计数器计数
  else if(UART_TX_CS != IDLE)
    TIME_COUNT_N = TIME_COUNT + 9'h1;
  else
    TIME_COUNT_N = TIME_COUNT;
end
always @ (posedge CLK or negedge RST_B)
begin
  if(!RST_B)
    SHIFT_DATA <=  11'h0;
  else
    SHIFT_DATA <=  SHIFT_DATA_N;
end

always @ (*)
begin
```

```
//在发送数据状态的第一时刻把要发送的11位数据先加载进来
  if((TIME_COUNT == 9'h0) && (UART_TX_CS == SEND_START))
    SHIFT_DATA_N = {1'b1,1'b1, TX_DATA[7:0], 1'b0};
//TIME_COUNT 每一次为0时，就需要移出一位数据到TX线上
  else if(TIME_COUNT == 9'h0)
    SHIFT_DATA_N = {1'b1, SHIFT_DATA[10:1]};
  else
    SHIFT_DATA_N = SHIFT_DATA;
end

always @ (posedge CLK or negedge RST_B)
begin
  if(!RST_B)
    COUNT_BIT <=  4'h0;
  else
    COUNT_BIT <=  COUNT_BIT_N;
end

always @ (*)
begin
  //每次状态机状态发生变化时，计数器重新清0，为下一次从0开始计数做准备
  if(UART_TX_CS != UART_TX_NS)
    COUNT_BIT_N = 4'h0;
  //COUNT_BIT 是对TIME_COUNT的计数周期进行计数
  else if(TIME_COUNT == 9'h1B1)
   COUNT_BIT_N = COUNT_BIT + 4'h1;
  else
    COUNT_BIT_N = COUNT_BIT;
end
always @ (posedge CLK or negedge RST_B)
begin
  if(!RST_B)
    UART_TX = 1'b1;
  else
    UART_TX = UART_TX_N;
end

//TX信号在发送过程中始终等于移位寄存器的0位，TX是低位先发，其他状态时保持高
```

```
//电平
//在发送到检验位的状态时，把TX切换到校验位上
always @ (*)
begin
  if((UART_TX_CS == IDLE) || (UART_TX_CS == FINISH))
    UART_TX_N = 1'b1;
  else if(UART_TX_CS == SEND_PARITY)
    UART_TX_N = PARITY_CNT;
  else
    UART_TX_N = SHIFT_DATA[0];
end
// 发送流程控制的核心状态机
always @ (posedge CLK or negedge RST_B)
begin
  if(!RST_B)
    UART_TX_CS <= IDLE;
  else
    UART_TX_CS <= UART_TX_NS;
end

always @ (*)
begin
case(UART_TX_CS)

IDLE :
  if(START_REG)
    UART_TX_NS = SEND_START;
  else
    UART_TX_NS = UART_TX_CS;

SEND_START :
  //发送状态必须保持完整的计数周期，每一位的时间严格保证
  if((COUNT_BIT == 4'h0) && (TIME_COUNT == 9'h1B1))
    UART_TX_NS = SEND_DATA;
  else
     UART_TX_NS = UART_TX_CS;

SEND_DATA :
```

```
    if((COUNT_BIT == 4'h7) && (TIME_COUNT == 9'h1B1))
      UART_TX_NS = SEND_PARITY;
    else
      UART_TX_NS = UART_TX_CS;

  SEND_PARITY :
    if((COUNT_BIT == 4'h0) && (TIME_COUNT == 9'h1B1))
      UART_TX_NS = SEND_STOP;
    else
      UART_TX_NS = UART_TX_CS;

  SEND_STOP      :
    if((COUNT_BIT == 4'h0) && (TIME_COUNT == 9'h1B1))
      UART_TX_NS = FINISH;
    else
      UART_TX_NS = UART_TX_CS;

  FINISH :
    if((COUNT_BIT == 4'h0) && (TIME_COUNT == 9'h1B1))
      UART_TX_NS = FINISH;
    else
      UART_TX_NS = UART_TX_CS;

  default :
    UART_TX_NS = IDLE;
   endcase
  end
  endmodule
  //子模块2
  //此模块是UART 的接收模块
  module UART_RX
        (
        CLK,
        RST_B,

        UART_RX,
        UART_RX_DATA
        );
```

```
input          CLK;          //系统时钟50MHz
input          RST_B;        //全局复位信号

input          UART_RX;      //串口的 RX 数据线，从这里接收外部的串行数据流
output [7:0]   UART_RX_DATA; //从 RX 数据线中解析完成后的数据
wire           CLK;
wire           RST_B;

wire           UART_RX;
reg [7:0]      UART_RX_DATA;


reg [1:0]      START_REG;     //记录 RX 的开始脉冲，即第一个下降沿
reg [1:0]      START_REG_N;   //START_REG 的下一个状态

reg [12:0]     TIME_COUNT;    //用于计数一帧完整的数据所用时间的计数器
reg [12:0]     TIME_COUNT_N;  //TIME_COUNT 的下一个状态

reg [7:0]      UART_RX_DATA_N; //UART_RX_DATA 的下一个状态

reg [7:0]      UART_RX_SHIFT_REG;   //接收串行数据流中用到的移位寄存器
reg [7:0]      UART_RX_SHIFT_REG_N; //UART_RX_SHIFT_REG 的下一个状态

//一个完整数据帧计数器的计数值为8.68μs×11bit/时钟周期20ns =4.774，即13'h12a6
always @ (posedge CLK or negedge RST_B)
begin
  if(!RST_B)
     TIME_COUNT <=  13'h0;
  else
     TIME_COUNT <=  TIME_COUNT_N;
end

always @ (*)
begin
  if(TIME_COUNT == 13'h12a5)
     TIME_COUNT_N = 13'h0;
  else if(START_REG == 2'h2)
    TIME_COUNT_N = TIME_COUNT + 13'h1;
```

```
  else
    TIME_COUNT_N = TIME_COUNT;
end
//这里记录第一个开始脉冲后保持，一帧完整数据时间后恢复为高电平，等待下一次启动
always @ (posedge CLK or negedge RST_B)
begin
  if(!RST_B)
     START_REG <=  2'h3;
  else
     START_REG <=  START_REG_N;
end

always @ (*)
begin
  if(TIME_COUNT == 13'h12a5)
     START_REG_N = 2'h3;
  else if(START_REG == 2'h2)
     START_REG_N = START_REG;
  else
     START_REG_N = {START_REG[0], UART_RX};
end
//每一个采样时间点开始启动移位寄存器记录数据
always @ (posedge CLK or negedge RST_B)
begin
  if(!RST_B)
     UART_RX_SHIFT_REG <=  8'h0;
  else
     UART_RX_SHIFT_REG <=  UART_RX_SHIFT_REG_N;
end

always @ (*)
begin
  if((TIME_COUNT==16'h28A)||/*1.5×1B2*//*1.5倍是因为要跳过第一个起始位*/
     (TIME_COUNT == 16'h43C)||/*2.5×1B2*/
     (TIME_COUNT == 16'h5EE)||/*3.5×1B2*/
     (TIME_COUNT == 16'h7A0)||/*4.5×1B2*/
     (TIME_COUNT == 16'h952)||/*5.5×1B2*/
     (TIME_COUNT == 16'hB04)||/*6.5×1B2*/
```

```
   (TIME_COUNT == 16'hCB6) || /*7.5×1B2*/
   (TIME_COUNT == 16'hE68))    /*8.5×1B2*/
  UART_RX_SHIFT_REG_N = {UART_RX,UART_RX_SHIFT_REG[7:1]}; //低位先接收
   else
    UART_RX_SHIFT_REG_N = UART_RX_SHIFT_REG;
end

//一帧完整的数据记录时间到达后即为稳定的数据
always @ (posedge CLK or negedge RST_B)
begin
  if(!RST_B)
     UART_RX_DATA <=  8'h0;
  else
     UART_RX_DATA <=  UART_RX_DATA_N;
end

always @ (*)
begin
  if(TIME_COUNT == 13'h12a5)
     UART_RX_DATA_N = UART_RX_SHIFT_REG;
  else
     UART_RX_DATA_N = UART_RX_DATA;
end

endmodule

//子模块3
//此模块实现数码管显示控制
module DIGITAL_TUBE_CTL
        (
        RST_B,          //全局复位
        CLK,            //系统时钟50MHz
        HEX_TUBE_1,     //第一个数码管数据，从左向右
        HEX_TUBE_2,
        HEX_TUBE_3,
        HEX_TUBE_4,
        HEX_TUBE_5,
        HEX_TUBE_6,
        HEX_TUBE_7,
```

```
        HEX_TUBE_8,

    TUBE_SEL,      //数码管的位选信号，低电平有效
    TU_DATA        //数据总线
        );
input                  RST_B;                //全局复位
input                  CLK;                  //全局时钟
input    [4 :0]        HEX_TUBE_1;
input    [4 :0]        HEX_TUBE_2;
input    [4 :0]        HEX_TUBE_3;
input    [4 :0]        HEX_TUBE_4;
input    [4 :0]        HEX_TUBE_5;
input    [4 :0]        HEX_TUBE_6;
input    [4 :0]        HEX_TUBE_7;
input    [4 :0]        HEX_TUBE_8;

output   [7 :0]        TUBE_SEL;             //扫描数码管
output   [7 :0]        TU_DATA;              //扫描数码管的数据

//================================================================
// 线网和寄存器变量描述
//================================================================
wire                   RST_B;                //全局复位信号
wire                   CLK;                  //全局时钟
wire     [4 :0]        HEX_TUBE_1;
wire     [4 :0]        HEX_TUBE_2;
wire     [4 :0]        HEX_TUBE_3;
wire     [4 :0]        HEX_TUBE_4;
wire     [4 :0]        HEX_TUBE_5;
wire     [4 :0]        HEX_TUBE_6;
wire     [4 :0]        HEX_TUBE_7;
wire     [4 :0]        HEX_TUBE_8;

reg    [7 :0]          TU_SEL;               //扫描数码管
reg    [7 :0]          TU_DATA;              //扫描数码管的数据

reg    [15:0]          TIME_COUNT;
wire   [15:0]          TIME_COUNT_N;
```

```
reg [7 :0]          TU_SEL_N;
reg [7 :0]          TU_DATA_N;

reg [3 :0]          HEX_DATA;
reg [7 :0]          DIS_DATA;

parameterSCAN_TIME = 16'hc350; //1ms

always @ (posedge CLK or negedge RST_B)
begin
  if(!RST_B)
     TIME_COUNT <=  16'h0;
  else
     TIME_COUNT <=  TIME_COUNT_N;
end

assign TIME_COUNT_N = (TIME_COUNT == SCAN_TIME) ? 16'h0 : TIME_
COUNT + 16'h1;

always @ (posedge CLK or negedge RST_B)
begin
  if(!RST_B)
  TU_SEL <=  (~8'h1);  //低电平有效
  else
  TU_SEL <= TU_SEL_N;
end

always @ (*)
begin
  if(TIME_COUNT == SCAN_TIME)
  TU_SEL_N = {TUBE_SEL[6:0], TUBE_SEL[7]};
  else
  TU_SEL_N =TU_SEL;
end
always @ (posedge CLK or negedge RST_B)
begin
  if(!RST_B)
    TU_DATA <=  8'hff;
  else
```

```
  TU_DATA <=  TU_DATA_N;
end

always @ (*)
begin
  case(TUBE_SEL)
  8'b0111_1111 : HEX_DATA = HEX_TUBE_1[3:0];
  8'b1011_1111 : HEX_DATA = HEX_TUBE_2[3:0];
  8'b1101_1111 : HEX_DATA = HEX_TUBE_3[3:0];
  8'b1110_1111 : HEX_DATA = HEX_TUBE_4[3:0];
  8'b1111_0111 : HEX_DATA = HEX_TUBE_5[3:0];
  8'b1111_1011 : HEX_DATA = HEX_TUBE_6[3:0];
  8'b1111_1101 : HEX_DATA = HEX_TUBE_7[3:0];
  8'b1111_1110 : HEX_DATA = HEX_TUBE_8[3:0];
  default      : HEX_DATA = 4'hF;
  endcase
end

always @ (*)
begin
  case(HEX_DATA)
     4'h0 :   TU_DATA_N[6:0] = 7'b100_0000;
     4'h1 :   TU_DATA_N[6:0] = 7'b111_1001;
     4'h2 :   TU_DATA_N[6:0] = 7'b010_0100;
     4'h3 :   TU_DATA_N[6:0] = 7'b011_0000;
     4'h4 :   TU_DATA_N[6:0] = 7'b001_1001;
     4'h5 :   TU_DATA_N[6:0] = 7'b001_0010;
     4'h6 :   TU_DATA_N[6:0] = 7'b000_0010;
     4'h7 :   TU_DATA_N[6:0] = 7'b111_1000;
     4'h8 :   TU_DATA_N[6:0] = 7'b000_0000;
     4'h9 :   TU_DATA_N[6:0] = 7'b001_0000;
     4'hA :   TU_DATA_N[6:0] = 7'b000_1000;
     4'hB :   TU_DATA_N[6:0] = 7'b000_0011;
     4'hC :   TU_DATA_N[6:0] = 7'b100_0110;
     4'hD :   TU_DATA_N[6:0] = 7'b010_0001;
     4'hE :   TU_DATA_N[6:0] = 7'b000_0110;
     4'hF :   TU_DATA_N[6:0] = 7'b000_1110;
    default:  TU_DATA_N[6:0] = 7'b111_1111;
  endcase
end
```

```
always @ (*)
begin
  case(TUBE_SEL)
  8'b0111_1111 : TU_DATA_N[7] = ~HEX_TUBE_1[4]; //第二步DP
  8'b1011_1111 : TU_DATA_N[7] = ~HEX_TUBE_2[4]; //复制
  8'b1101_1111 : TU_DATA_N[7] = ~HEX_TUBE_3[4]; //第三步DP
  8'b1110_1111 : TU_DATA_N[7] = ~HEX_TUBE_4[4]; //第四步DP

  8'b1111_0111 : TU_DATA_N[7] = ~HEX_TUBE_5[4];
  8'b1111_1011 : TU_DATA_N[7] = ~HEX_TUBE_6[4];
  8'b1111_1101 : TU_DATA_N[7] = ~HEX_TUBE_7[4];
  8'b1111_1110 : TU_DATA_N[7] = ~HEX_TUBE_8[4];
  default      : TU_DATA_N[7] = TU_DATA[7];
  endcase
end
endmodule
```

10.2.4 红外遥控设计

红外遥控是目前使用广泛的一种通信和遥控手段。由于红外遥控装置具有体积小、功耗低、功能强、成本低等特点，因而，继电视、录像机之后，在录音机、音响设备、空调以及玩具等其他小型电器装置上也纷纷采用红外遥控。工业设备中，在高压、辐射、有毒气体、粉尘等环境下，采用红外遥控不仅完全可靠，而且能有效地隔离电气干扰。

（1）红外遥控系统

通用红外遥控系统由遥控发射器和接收器两大部分组成，应用编/解码专用集成电路芯片来进行控制操作，如图 10-33 所示。遥控发射器部分包括键盘矩阵、编码调制、LED 红外发送器；遥控接收器部分包括光/电转换放大器，解调、解码电路。

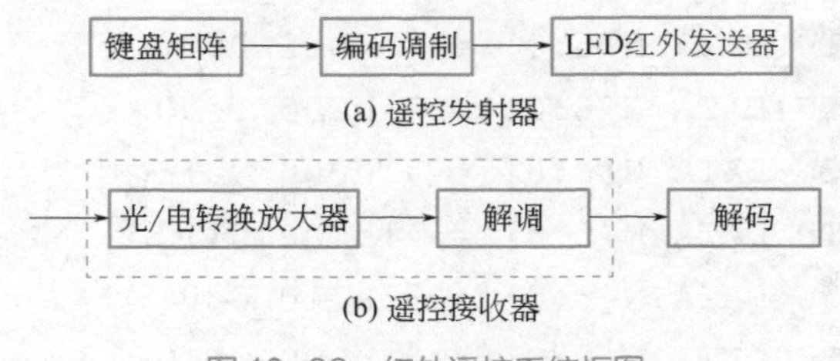

图 10-33 红外遥控系统框图

（2）遥控发射器及其编码

遥控发射器专用芯片有很多，根据编码格式可以分成两大类，这里以运用比较广泛、解码比较容易的一类来加以说明，现以兼容 NEC 的 UPD6121G 芯片发射码格式的芯片组成发射电路为例说明编码原理。当遥控发射器按键按下后，即有遥控码发出，所按的按键不同遥控编码也不同。这种遥控码具有以下特征：

采用脉宽调制的串行码，以脉宽为 0.565ms、间隔 0.56ms、周期为 1.125ms 的组合表示二进制的“0”；以脉宽为 0.565ms、间隔 1.685ms、周期为 2.25ms 的组合表示二进制的“1”，其波形如图 10-34 所示。

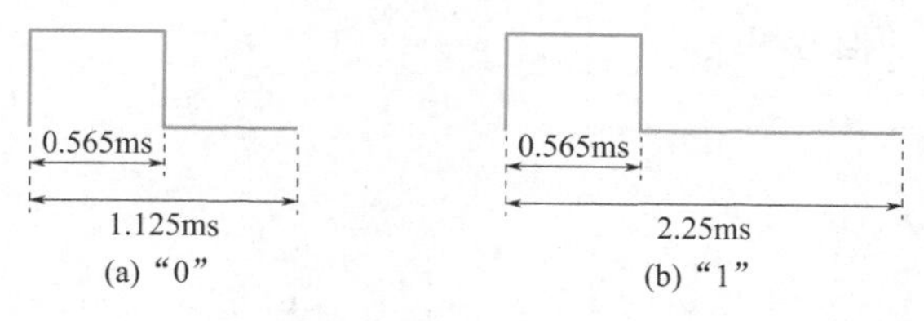

图 10-34　遥控码的“0”和“1”

上述“0”和“1”组成的 32 位二进制码经 38kHz 的载频进行二次调制以提高发射效率，达到降低电源功耗的目的，然后再通过红外发射二极管产生红外线向空间发射。

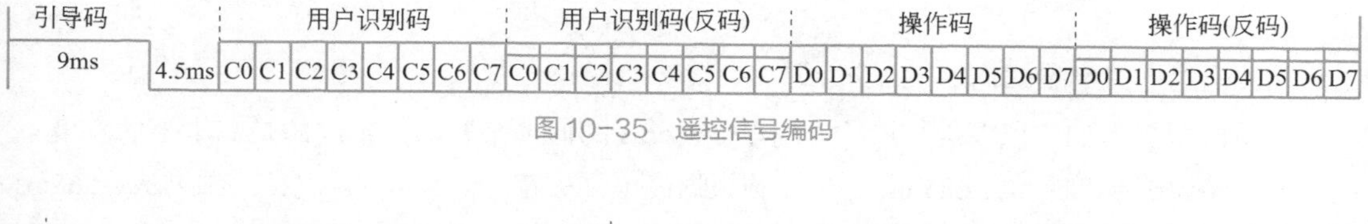

图 10-35　遥控信号编码

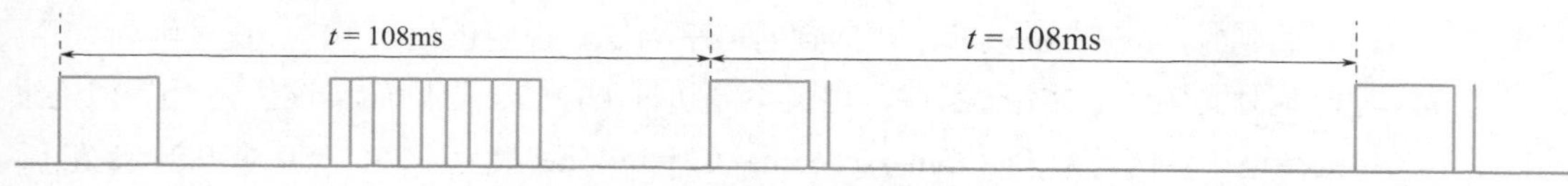

图 10-36　遥控信号的周期性波形

UPD6121G 产生的遥控信号编码是连续的 32 位二进制码组，如图 10-35 所示，其中前 16 位为用户识别码，能区别不同的电气设备，防止不同种类的遥控码互相干扰。芯片厂商把用户识别码固定为十六进制的一组数；后 16 位为 8 位操作码（功能码）及其反码。UPD6121G 最多有 128 种不同组合的编码。遥控器在按键按下后，周期性地发出同一种 32 位二进制码，周期约为 108ms。一组码本身的持续时间随它包含的二进制“0”和“1”的个数不同而不同，在 45 ～ 63ms 之间，如图 10-36 所示为遥控信号的周期性波形。当一个按键按下超过 36ms，振荡器使芯片激活，将发射一组 108ms 的编码脉冲，这 108ms 发射代码由一个起始码（9ms）、一个结束码（4.5ms）、低 8 位地址码（9 ～ 18ms）、高 8 位地址码（9 ～ 18ms）、8 位数据码（9 ～ 18ms）和这 8 位数据的反码（9 ～ 18ms）组成。如果按键按下超过 108ms 仍未松开，接下来发射的代码（连发代码）将仅由起始码（9ms）和结束码（4.5ms）组成。

（3）接收器及解码

一体化红外接收器是一种集红外接收和放大于一体，不需要任何外接元件，就能完成从红外接收到输出与 TTL 电平信号兼容的所有工作，而体积和普通的塑封三极管大小一样，它适合于各种红外遥控和红外数据传输。

如图 10-37 中 3 个引脚从左到右依次：

- ① 引脚：信号输出；
- ② 引脚：地线（GND）；
- ③ 引脚：电源（+5V）。

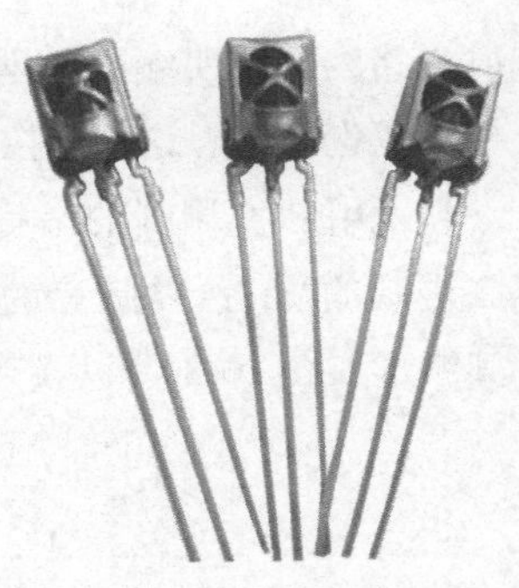

图 10-37　接收器解码

红外接收器将频率为 38kHz 的载波信号过滤，得到与发射代码反向的接收代码，那么红外接收器接收到的信号如图 10-38 所示，正好与发射器发射的信号相反。

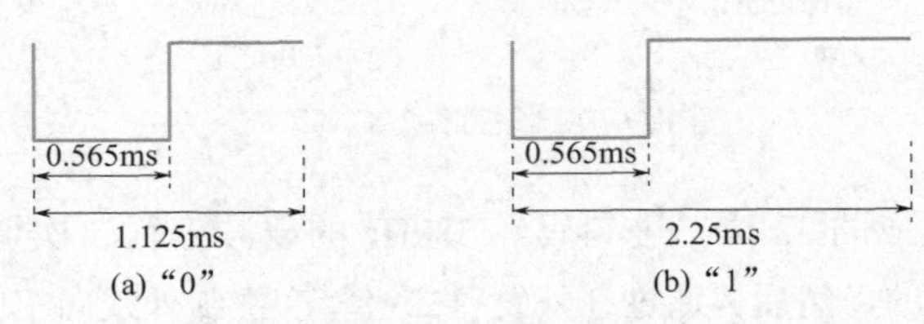

图 10-38　红外接收器接收到的信号

（4）解码的关键是如何识别“0”和“1”

从位的定义我们可以发现“0”“1”均以 0.565ms 的低电平开始，不同的是高电平的宽度不同，“0”为 0.565ms，“1”为 1.685ms，所以必须根据高电平的宽度区别“0”和“1”。如果从 0.565ms 低电平过后，开始延时，0.565ms 以后，若读到的电平为低，说明该位为“0”，反之则为“1”。为了可靠起见，延时必须比 0.565ms 长些，但又不能超过 1.125ms，否则如果该位为“0”，读到的已是下一位的高电平，因此取（1.125ms+0.565ms）/2=0.845ms 最为可靠，一般取 0.84ms 左右均可。根据码的格式，应该等待 9ms 的起始码和 4.5ms 的结束码完成后才能读码。

[例 3] 红外接收数据设计。

例程功能：接收遥控器的数据并显示在数码管上。

```
//顶层模块
`define H_DLT     10'h1B
`define H_LLT     10'hD
`define BH_HLT    10'h1
`define BH_LLT    10'h1
`define BH_LLT2   10'h2
`define BL_HLT    10'h1
`define BL_LLT    10'h5
`define BL_LLT2   10'h4
`define REP_H_D   10'h1B
`define REP_H_L   10'h7
`define REP_B_H   10'h1
`define REP_B_L   10'h37
module IR_CTL
```

```
    (
CLK,
    RST_B,
    IR_IO,

IR_DATA_IN,
    IR_EN_OUT,
    ON_DEBUG,
    REV_HEAD,
    REV_BIT0,
    REV_BIT1,
    REP_HEAD,
    REP_BIT
    );

output   REV_HEAD;
output   REV_BIT0;
output   REV_BIT1;
output   REP_HEAD;
output   REP_BIT;


input             CLK;
input             RST_B;
input             IR_IO;

output [31:0]     IR_DATA_IN;
output            IR_EN_OUT;

wire              CLK;
wire              RST_B;
wire              IR_IO;

reg [31:0]        IR_DATA_IN;
wire              IR_EN_OUT;

parameterIR_IDLE      = 4'h0;
parameterIR_REC_DATA  = 4'h1;
parameterIR_DATA_IN_END = 4'h2;
```

```
parameterIR_REP_BIT = 4'h3;
parameterIR_REP_END = 4'h4;

reg [3:0] IR_CS;
reg [3:0] IR_NS;

reg [23:0] TIME_COUNT;
reg [23:0] TIME_COUNT_N;

reg [23:0] L_TIME;
reg [23:0] L_TIME_N;

reg [23:0] H_TIME;
reg [23:0] H_TIME_N;

reg [7:0] COUNT_BIT;
reg [7:0] COUNT_BIT_N;

reg  [1:0] IR_IO_REG;
wire [1:0] IR_IO_REG_N;

reg [31:0] IR_DATA_IN_N;

reg        REC_DATA;
reg        REC_DATA_N;

reg [31:0] IR_DATA_IN_REG;
reg [31:0] IR_DATA_IN_REG_N;

wire       REV_HEAD;
wire       REV_BIT0;
wire       REV_BIT1;
wire       REP_HEAD;
wire       REP_BIT;

output [16:0] ON_DEBUG;
reg    [16:0] ON_DEBUG;
//检查是否接收到红外信号
assign REV_HEAD  =
```

```
(H_TIME[23:14]==`H_DLT) && (L_TIME[23:14]==`H_LLT) && REC_DATA;
assign REV_BIT0=
(H_TIME[23:14]==`BL_HLT)&&((L_TIME[23:14]==`BL_LLT)||(L_TIME[23:14]==
`BL_LLT2)) && REC_DATA;
assign REV_BIT1=
(H_TIME[23:14]==`BH_HLT) &&((L_TIME[23:14]==`BH_LLT)||(L_TIME[23:14]
==`BH_LLT2))&& REC_DATA;
assign REP_HEAD =
(H_TIME[23:14]==`REP_H_D) && (L_TIME[23:14]==`REP_H_L)&&REC_DATA;
assign REP_BIT=
(H_TIME[23:14]==`REP_B_H)&&(L_TIME[23:14]==`REP_B_L)&& REC_
DATA;

//REC_DATA在IR_IO的上升沿建立脉冲信号
always @ (posedge CLK or negedge RST_B)
begin
  if(!RST_B)
     REC_DATA  <=  1'h0;
  else
     REC_DATA  <=  REC_DATA_N;
end

always @ (*)
begin
  if(IR_IO_REG == 2'b01)
     REC_DATA_N       = 1'h1;
  else
     REC_DATA_N       = 1'h0;
end
//保存IR_IO2个时钟，以检查其上升沿和下降沿
always @ (posedge CLK or negedge RST_B)
begin
  if(!RST_B)
     IR_IO_REG <=  2'h0;
  else
     IR_IO_REG <=  IR_IO_REG_N;
end
assign IR_IO_REG_N = {IR_IO_REG[0] ,  {~IR_IO}};
```

```
//TIME_CNT，对每一次高脉冲和低脉冲进行计数
always @ (posedge CLK or negedge RST_B)
begin
  if(!RST_B)
     TIME_COUNT      <=  24'h0;
  else
     TIME_COUNT      <=  TIME_COUNT_N;
end

always @ (*)
begin
  if(IR_IO_REG[0] != IR_IO_REG[1])
     TIME_COUNT_N = 24'h0;
  else
     TIME_COUNT_N = TIME_COUNT + 24'h1;
End

//HIGH_TIME，用来记录每一次高脉冲时间
always @ (posedge CLK or negedge RST_B)
begin
  if(!RST_B)
     H_TIME<=  24'h0;
  else
     H_TIME<=  H_TIME_N;
end

always @ (*)
begin
  if(IR_IO_REG == 2'b10)
     H_TIME_N = TIME_COUNT;
  else
     H_TIME_N = H_TIME;
end
//LOW_TIME，用来记录每一次低脉冲时间
always @ (posedge CLK or negedge RST_B)
begin
  if(!RST_B)
     L_TIME<=  24'h0;
  else
```

```
        L_TIME<=  L_TIME_N;
end

always @ (*)
begin
    if(IR_IO)
        L_TIME_N = TIME_COUNT;
    else
        L_TIME_N = L_TIME;
End

//BIT_CNT，对收到的每一个字节的比特位进行计数
always @ (posedge CLK or negedge RST_B)
begin
    if(!RST_B)
        COUNT_BIT<= 8'h0;
    else
        COUNT_BIT<= COUNT_BIT_N;
end

always @ (*)
begin
    if(IR_CS != IR_REC_DATA)
        COUNT_BIT_N = 8'h0;
    else if((IR_CS == IR_REC_DATA) && (IR_IO_REG == 2'b01))
        COUNT_BIT_N = COUNT_BIT + 8'h1;
    else
        COUNT_BIT_N = COUNT_BIT;
end
//红外状态机
always @ (posedge CLK or negedge RST_B)
begin
    if(!RST_B)
        IR_CS <= IR_IDLE;
    else
        IR_CS <= IR_NS;
end

always @ (*)
```

```
begin
 case(IR_CS)
   IR_IDLE   : if(REV_HEAD)
              IR_NS = IR_REC_DATA;
            else if(REP_HEAD)
              IR_NS = IR_REP_BIT;
            else
              IR_NS = IR_CS;

  IR_REC_DATA : if(COUNT_BIT == 8'h20)
              IR_NS = IR_DATA_IN_END;
                else if(REP_HEAD || REV_HEAD || REP_BIT)
              IR_NS = IR_IDLE;
                else
              IR_NS = IR_CS;

 IR_DATA_IN_END : IR_NS = IR_IDLE;

     IR_REP_BIT : if(REP_BIT)
              IR_NS = IR_REP_END;
               else if(REP_HEAD || REV_HEAD || REV_BIT0 || REV_BIT1)
              IR_NS = IR_IDLE;
               else
              IR_NS = IR_CS;

    IR_REP_END : IR_NS = IR_IDLE;
    default : IR_NS = IR_IDLE;
    endcase
end


//IR_DATA_INR_REG，用来保存接收到的数据
always @ (posedge CLK or negedge RST_B)
begin
 if(!RST_B)
    IR_DATA_IN_REG  <=  32'h0;
 else
    IR_DATA_IN_REG  <=  IR_DATA_IN_REG_N;
```

```
    end

    always @ (*)
    begin
     if(IR_CS == IR_IDLE)
         IR_DATA_IN_REG_N = 32'hFFFF;

     else if((IR_CS == IR_REC_DATA) && ((L_TIME[23:14] > 10'h2 )&&
(IR_IO_REG == 2'b01)))
         IR_DATA_IN_REG_N = {IR_DATA_IN_REG[30:0] , 1'h0};
     else if(((IR_CS == IR_REC_DATA)||(IR_CS == IR_IDLE)) && (IR_IO_REG == 2'b01))
         IR_DATA_IN_REG_N = {IR_DATA_IN_REG[30:0] , 1'h1};
     else
         IR_DATA_IN_REG_N = IR_DATA_IN_REG;
    end

    //IR_DATA_IN，输出
    always @ (posedge CLK or negedge RST_B)
    begin
     if(!RST_B)
         IR_DATA_IN <= 32'h0;
     else
         IR_DATA_IN <= IR_DATA_IN_N;
    end

    always @ (*)
    begin
     if(IR_NS == IR_DATA_IN_END)
    IR_DATA_IN_N = IR_DATA_IN_REG;
     else
    IR_DATA_IN_N = IR_DATA_IN;
    end

    //IR_EN_OUT，每一个使能数据输出时使能
    assign IR_EN_OUT = (IR_CS == IR_DATA_IN_END) || (IR_CS == IR_REP_END);
    always @ (posedge CLK)
    begin
    ON_DEBUG = ON_DEBUG + 16'h1;
    End
    endmodule
```

```
//子模块1
`define UD #1
`define CUSTOMER_CODE    16'hFF02
`define DATA_CODE_NUM_0 8'hCF
`define DATA_CODE_NUM_1 8'hF7
`define DATA_CODE_NUM_2 8'h77
`define DATA_CODE_NUM_3 8'hB7
`define DATA_CODE_NUM_4 8'hD7
`define DATA_CODE_NUM_5 8'h57
`define DATA_CODE_NUM_6 8'h97
`define DATA_CODE_NUM_7 8'hE7
`define DATA_CODE_NUM_8 8'h67
`define DATA_CODE_NUM_9 8'hA7

module IR
   (
   CLK,
   RST_B,
   IR_IO,

   DATA_LED,
   SEL_LED
   );

input          CLK;
input          RST_B;
input          IR_IO;

output [7:0]  DATA_LED;
output [7:0]  SEL_LED;
wire           CLK;
wire           RST_B;
wire           IR_IO;

wire [7:0]     DATA_LED;
wire [7:0]     SEL_LED;

wire [31:0]    IR_DATA_IN;
wire           IR_EN_OUT;
```

```
wire            IR_OUT_EN;
reg [3:0]           IR_DEC;
reg [3:0]           IR_DATA_IN_SEQ;
reg [3:0]           IR_DATA_IN_SEQ_N;

//红外控制示例
IR_CTL I_IR_CTL
    (
    .CLK              (CLK),
    .RST_B           (RST_B),
    .IR_IO           (IR_IO),
    .IR_DATA_IN       (IR_DATA_IN),
    .IR_EN_OUT          (IR_EN_OUT),
    .ON_DEBUG           (),
    .REV_HEAD        (),
    .REV_BIT0        (),
    .REV_BIT1        (),
    .REP_HEAD        (),
    .REP_BIT         ()
    );

//序列控制示例
LED_CTL LED_NUMBER
    (
    .CLK              (CLK),
    .RST_B           (RST_B),
    .SCAN (24'h1F090),
    .DATA_0          ({1'h1, IR_DATA_IN_SEQ}),
    .DATA_1          ({1'h1, IR_DATA_IN_SEQ}),
    .DATA_2          ({1'h1, IR_DATA_IN_SEQ}),
    .DATA_3          ({1'h1, IR_DATA_IN_SEQ}),
    .DATA_4          ({1'h1, IR_DATA_IN_SEQ}),
    .DATA_5          ({1'h1, IR_DATA_IN_SEQ}),
    .DATA_6          ({1'h1, IR_DATA_IN_SEQ}),
    .DATA_7          ({1'h1, IR_DATA_IN_SEQ}),
    .DATA_LED        (DATA_LED),
    .SEL_LED         (SEL_LED)
    );
```

```
   assign IR_OUT_EN = (IR_DATA_IN[31:16] == `CUSTOMER_CODE) &&
(IR_DATA_IN[15:8] == (~IR_DATA_IN[7:0]));

   always @ (posedge CLK or negedge RST_B)
   begin
    if(!RST_B)
       IR_DATA_IN_SEQ   <= `UD 4'h0;
    else
       IR_DATA_IN_SEQ   <= `UD IR_DATA_IN_SEQ_N;
   end

   always @ (*)
   begin
    if(IR_OUT_EN && IR_EN_OUT)
       IR_DATA_IN_SEQ_N  = IR_DEC;
    else
       IR_DATA_IN_SEQ_N  = IR_DATA_IN_SEQ;
   end

   always @ (*)
   begin
     case(IR_DATA_IN[15:8])
      `DATA_CODE_NUM_0 : IR_DEC = 4'h0;
      `DATA_CODE_NUM_1 : IR_DEC = 4'h1;
      `DATA_CODE_NUM_2 : IR_DEC = 4'h2;
      `DATA_CODE_NUM_3 : IR_DEC = 4'h3;
      `DATA_CODE_NUM_4 : IR_DEC = 4'h4;
      `DATA_CODE_NUM_5 : IR_DEC = 4'h5;
      `DATA_CODE_NUM_6 : IR_DEC = 4'h6;
      `DATA_CODE_NUM_7 : IR_DEC = 4'h7;
      `DATA_CODE_NUM_8 : IR_DEC = 4'h8;
      `DATA_CODE_NUM_9 : IR_DEC = 4'h9;
     default: IR_DEC = 4'h0;
    endcase
   end
   endmodule
   //子模块2
   module LED_CTL
```

```
(
CLK,
RST_B,
SCAN,
DATA_0,
DATA_1,
DATA_2,
DATA_3,
DATA_4,
DATA_5,
DATA_6,
DATA_7,

DATA_LED,
SEL_LED
);

input               CLK;            //系统时钟50MHz
input               RST_B;          //全局复位，低有效
input     [23:0]    SCAN;           //扫描的系数，快速或允许
input     [4:0]     DATA_0;         //LED0显示的数据
input     [4:0]     DATA_1;         //LED1显示的数据
input     [4:0]     DATA_2;         //LED2显示的数据
input     [4:0]     DATA_3;         //LED3显示的数据
input     [4:0]     DATA_4;         //LED4显示的数据
input     [4:0]     DATA_5;         //LED5显示的数据
input     [4:0]     DATA_6;         //LED6显示的数据
input     [4:0]     DATA_7;         //LED7显示的数据
                                    //所有的数据应该有5bit，最高位是DP

output    [7:0]     DATA_LED;       // LED的输出数据
output    [7:0]     SEL_LED;        // LED选择量，用于扫描

wire              CLK;
wire              RST_B;
wire   [23:0]     SCAN;
wire   [4:0]      DATA_0;
wire   [4:0]      DATA_1;
```

```
wire      [4:0]   DATA_2;
wire      [4:0]   DATA_3;
wire      [4:0]   DATA_4;
wire      [4:0]   DATA_5;
wire      [4:0]   DATA_6;
wire      [4:0]   DATA_7;

reg       [7:0]   DATA_LED;
reg       [7:0]   SEL_LED;

reg       [3:0]   DATA_LED_HEX;      //输出数据的十六进制格式
reg       [23:0]  LED_SCAN_CNT;      //扫描LED计数值，200Hz
reg       [2:0]   SEL_LED_NUM;       //选择的LED数量

reg       [23:0]  LED_SCAN_CNT_N;    //下一个值LED_SCAN_CNT
reg       [2:0]   SEL_LED_NUM_N;     //下一个值SEL_LED_NUM

//用于扫描LED的计数时钟
always @ (posedge CLK or negedge RST_B)
begin
 if(!RST_B)
    LED_SCAN_CNT  <= 24'h0;
 else
    LED_SCAN_CNT  <= LED_SCAN_CNT_N;
end

always @ (*)
begin
 if(LED_SCAN_CNT == SCAN)
    LED_SCAN_CNT_N = 24'h0;
 else
    LED_SCAN_CNT_N = LED_SCAN_CNT + 24'h1;
end

//用于扫描LED的计数器
always @ (posedge CLK or negedge RST_B)
begin
 if(!RST_B)
    SEL_LED_NUM  <= 3'h0;
```

```
else
    SEL_LED_NUM <= SEL_LED_NUM_N;
end

always @ (*)
begin
  if(LED_SCAN_CNT == SCAN)
    SEL_LED_NUM_N  = SEL_LED_NUM +3'h1;
  else
    SEL_LED_NUM_N  = SEL_LED_NUM;
end

//输出控制
always @ (*)
begin
  case(SEL_LED_NUM)
    3'b000    :  SEL_LED = 8'b0111_1111;
    3'b001    :  SEL_LED = 8'b1011_1111;
    3'b010    :  SEL_LED = 8'b1101_1111;
    3'b011    :  SEL_LED = 8'b1110_1111;
    3'b100    :  SEL_LED = 8'b1111_0111;
    3'b101    :  SEL_LED = 8'b1111_1011;
    3'b110    :  SEL_LED = 8'b1111_1101;
    3'b111    :  SEL_LED = 8'b1111_1110;
    default   :  SEL_LED = 8'b1111_1111;
  endcase
end

always @ (*)
begin
  case(SEL_LED_NUM)
    3'b000    :  DATA_LED_HEX = DATA_0[3:0];
    3'b001    :  DATA_LED_HEX = DATA_1[3:0];
    3'b010    :  DATA_LED_HEX = DATA_2[3:0];
    3'b011    :  DATA_LED_HEX = DATA_3[3:0];
    3'b100    :  DATA_LED_HEX = DATA_4[3:0];
    3'b101    :  DATA_LED_HEX = DATA_5[3:0];
    3'b110    :  DATA_LED_HEX = DATA_6[3:0];
    3'b111    :  DATA_LED_HEX = DATA_7[3:0];
```

```
    default   :  DATA_LED_HEX = 4'h0;
  endcase
end

//DP，由DATA_0～3最高位决定
always @ (*)
begin
  case(SEL_LED_NUM)
    3'b000  :  DATA_LED[7] = DATA_0[4];
    3'b001  :  DATA_LED[7] = DATA_1[4];
    3'b010  :  DATA_LED[7] = DATA_2[4];
    3'b011  :  DATA_LED[7] = DATA_3[4];
    3'b100  :  DATA_LED[7] = DATA_4[4];
    3'b101  :  DATA_LED[7] = DATA_5[4];
    3'b110  :  DATA_LED[7] = DATA_6[4];
    3'b111  :  DATA_LED[7] = DATA_7[4];
    default :  DATA_LED[7] = 1'h1;
  endcase
end

//数据显示
always @ (*)
begin
  case(DATA_LED_HEX)
    4'h0    :  DATA_LED[6:0] = 7'b1000000;
    4'h1    :  DATA_LED[6:0] = 7'b1111001;
    4'h2    :  DATA_LED[6:0] = 7'b0100100;
    4'h3    :  DATA_LED[6:0] = 7'b0110000;
    4'h4    :  DATA_LED[6:0] = 7'b0011001;
    4'h5    :  DATA_LED[6:0] = 7'b0010010;
    4'h6    :  DATA_LED[6:0] = 7'b0000010;
    4'h7    :  DATA_LED[6:0] = 7'b1111000;
    4'h8    :  DATA_LED[6:0] = 7'b0000000;
    4'h9    :  DATA_LED[6:0] = 7'b0010000;
    4'hA    :  DATA_LED[6:0] = 7'b0111111;
    default :  DATA_LED[6:0] = 7'b1111111;
  endcase
end
endmodule
```